普通高等院校"十二五"规划教材

基础工程

主编 赵敏 王亮 邓祥辉

西安交通大学出版社
XI'AN JIAOTONG UNIVERSITY PRESS

内容提要

本书根据土木工程专业本科教学的基本要求和工程设计的实用性要求,参照了现行规范、国内外基础工程研究的新技术、新工艺、新经验编写,全书共分5章,包括绪论,天然地基上的浅基础设计,桩基础,基坑工程和地基基础抗震。全书内容简明扼要,重点突出,列举了大量的典型例题,便于读者掌握基础设计的知识。

本书既可作为各高等院校土木专业的教材,也可供相关专业师生或工程技术人员阅读参考。

图书在版编目(CIP)数据

基础工程/赵敏,王亮,邓祥辉主编. —西安:西安交通大学出版社,2012.8(2022.7重印)
ISBN 978 - 7 - 5605 - 4452 - 6

Ⅰ. ①基⋯　Ⅱ. ①赵⋯ ②王⋯ ③邓⋯　Ⅲ. ①地基-基础(工程)　Ⅳ. ①TU47

中国版本图书馆 CIP 数据核字(2012)第 163880 号

书　　名	基础工程
主　　编	赵　敏　王　亮　邓祥辉
责任编辑	王　欣

出版发行　西安交通大学出版社
　　　　　(西安市兴庆南路 1 号　邮政编码 710048)
网　　址　http://www.xjtupress.com
电　　话　(029)82668357　82667874(市场营销中心)
　　　　　(029)82668315(总编办)
传　　真　(029)82668280
印　　刷　西安日报社印务中心

开　　本　787mm×1092mm　1/16　印张　12　字数　286 千字
版次印次　2012 年 8 月第 1 版　　2022 年 7 月第 5 次印刷
书　　号　ISBN 978 - 7 - 5605 - 4452 - 6
定　　价　29.00 元

如发现印装质量问题,请与本社市场营销中心联系。
订购热线:(029)82665248　(029)82667874
投稿热线:(029)82664954
读者信箱:jdlgy@yahoo.cn

前　言

　　现在的土木工程专业涵盖了过去的八个相关专业,形成了"大土木"的框架体系。为了适应专业教学的需要,便于对学生进行"厚基础、宽专业"的培养,按照高等学校土木工程专业指导委员会的有关精神和要求,大部分院校将该专业课程划分为专业基础课与专业方向课两大类。基础工程属于专业方向课程,它是在以前土力学地基基础课程的基础上分设出的专业课程,分设目的是便于区分不同专业方向间教学内容的侧重点。

　　本书参照最新版的行业规范、专著、教材和文献编写,是一本专业性较强的书籍,主要介绍了±0.000以下基础工程的设计原理、常用施工方法、构造要求等内容,既可以作为工程专业学生的教材,也可以作为土建类设计、施工、管理技术人员查阅相关知识和工作的参考。

　　全书共分为5章,包括了绪论、天然地基上浅基础的设计、桩基础、基坑工程、地基基础抗震。其中,第1章、第4章、第5章由赵敏编写,第2章由王亮编写,第3章由邓祥辉编写,全书由赵敏统稿。本书在编写过程中参考和引用了大量的行业规范、专著、教材和文献,何晖教授给出了许多宝贵的意见,在此对他们的贡献表示深切的感谢。由于作者水平有限,书中难免有不足之处,欢迎读者批评指正。

编　者

2012年4月

目　录

第1章 绪 论

各类建(构)筑物一般包括三部分,即上部结构、基础和地基。建(构)筑物建在地层上,全部的荷载都由它下面的地层来承担。受建筑物影响的那一部分地层称为地基,它在上部结构的荷载作用下会产生附加应力和变形,而建筑物向地基传递荷载的下部结构称为基础,它将上部结构的荷载传递到地层中去。地基和基础是保证建筑物安全和满足使用要求的关键。

基础工程英语译为"foundation engineering",是指解决岩土地层中建筑工程的技术问题,也就是包括地基及基础在内的下部结构所产生各种强度、变形与稳定问题。

一般来说,建(构)筑物的基础可分为两类。通常把埋置深度不大(小于或相当于基础底面宽度,一般认为小于 5 m)且不需要特殊施工机械和施工技术的基础称为浅基础,如由砖、毛石等材料组成的刚性基础;对于浅层土质不良,需要利用深处良好地层,采用专门的施工方法和机械建造的基础称为深基础,如桩基础。工程中常把开挖基槽(坑)后可以直接修筑基础的地基,称为天然地基;把那些不能满足要求而需要事先进行人工处理的地基,称为人工地基。把室外地面至基础底面的距离称为基础的埋深;把多层土组成的地层中直接与基础底面相接触、承受主要荷载的那部分土层称为持力层;持力层以下的其他土层称为下卧层。

1.1 基础工程的研究内容

基础工程的研究内容主要包括地基和基础的设计、施工和监测。本课程将着重介绍浅基础、桩基础、基坑工程、地基基础抗震等内容,而且在详细介绍地基和基础的设计原理的同时,也将简要介绍一些必要的施工知识。

基础工程设计包括基础设计和地基设计两大部分。基础设计包括基础形式的选择、埋置深度的确定及基底面积、基础内力和截面设计计算等;地基设计主要包括地基土的承载力确定、地基变形计算、地基稳定性计算等。

基础设计时应选择满足上部结构荷载要求、符合使用要求、满足地基承载力和稳定性要求、技术上合理的设计方案,同时必须满足以下三个基本要求。

(1)强度要求

作用在地基上的荷载不能超过地基的承载力,以保证地基不因土的剪应力超过地基土的强度而破坏,并且地基的承载能力须有足够的安全储备。

(2)变形要求

基础设计应保证基础沉降或其他特征变形不超过建筑物的允许值,保证上部结构不因沉降或其他特征变形过大而受损或影响正常使用。

(3)上部结构的其他要求

基础除满足以上要求外,还应满足上部结构对基础结构的强度、刚度和耐久性要求。

基础设计中,由于基础上面为上部结构(如墙或柱),下面与地基土接触,因此应将基础、上部结构和地基联系在一起考虑,特别是应将地基和基础结合在一起进行设计,以满足地基的稳定性和基础沉降控制的要求。此外,基础的结构刚度、材料的强度和耐久性应符合要求,同时还应考虑施工方便,如基坑的开挖和降水要求、施工机械配置以及工程费用和工期安排等。基础施工受自然条件和环境条件的影响要比上部结构大得多,如地下室的抗浮防渗要求、基础抗变形和抗震构造、特殊土地基上的构造要求等均需考虑。

基础工程属于地下隐蔽工程,其质量直接关系着建筑物的安危,其工程费用与建筑物总造价的比例在百分之几到百分之几十之间变化。大量例子表明,基础一旦发生事故,补救并非易事。因此基础工程在整个建筑工程中的重要性是显而易见的。

地基设计中,除了地基稳定性和基础沉降控制的要求外,在基坑开挖中,当开挖至地下水位以下时,会出现渗透稳定的问题,特别是当地基土的级配较差时,在大的水力梯度作用下,会产生流土和管涌破坏。因此在设计中,若在天然地基上通过基础选型无法得到满足时,就必须对地基进行处理,以确保建筑物的顺利施工和安全正常运行。

基础设计时必须掌握足够的资料,这些资料包括两大部分,一部分是地质资料,另一部分是有关上部结构的资料。在分析地质资料时应注意对地基类型进行判别并考虑可能发生的问题,研究土层的分布,查明地下水及地面水的活动规律,还应调查拟建建筑物周围及地下的情况。在分析上部结构时应特别注意建筑物的重要性、建筑物体形的复杂程度和结构类型及其传力体系。

1.2　地基基础设计原则

地基基础设计必须根据建(构)筑物的用途和安全等级、建筑布置和上部结构类型,充分考虑建筑场地和新建工程的地质条件,结合施工条件和环境保护等要求,合理选择地基基础方案,因地制宜、精心设计,力求基础工程安全可靠、经济合理和施工方便,以确保建(构)筑物的安全和正常使用。

1.2.1　地基基础设计等级

地基基础设计的内容和要求与建筑物的设计等级有关,根据地基复杂程度、建筑物规模及重要性,以及由于地基问题可能对建筑物的安全和正常使用造成影响的程度,《建筑地基基础设计规范》(GB 50007—2002)将地基基础设计分为甲、乙、丙三个等级,供设计时使用,如表1-1所示。

表1-1　地基基础设计等级

设计等级	建筑和地基类型
甲级	重要的工业与民用建筑 三十层以上的高层建筑 体形复杂,层数相差超过十层的高低层连成一体建筑物 大面积的多层地下建筑物(如地下车库、商场、运动场等) 对地基变形有特殊要求的建筑物 复杂地质条件下的坡上建筑物(包括高边坡) 对原有工程影响较大的新建建筑物 场地和地基条件复杂的一般建筑物 位于复杂地质条件及软土地区的二层及二层以上地下室的基坑工程
乙级	除甲级、丙级以外的工业与民用建筑物
丙级	场地和地基条件简单、荷载分布均匀的七层及七层以下民用建筑及一般工业建筑物,次要的轻型建筑物

1.2.2　地基基础设计原则

1. 总设计原则

基础工程设计的目的是设计一个安全、经济和可行的地基与基础,保证上部结构物的安全和正常使用。因此,基础工程的基本设计计算原则是:

①地基设计应具有足够的强度,满足地基承载力的要求;

②地基与基础的变形满足建筑物正常使用的允许要求;

③地基与基础的整体稳定性有足够保证;

④基础本身有足够的强度、刚度和耐久性。

2. 强度验算要求

所有建筑物的地基计算均应满足承载力计算的有关规定。

3. 变形验算要求

《建筑地基基础设计规范》(GB 50007—2002)规定,地基基础的设计计算应满足承载力极限状态和正常使用极限状态的要求。根据建筑物地基基础设计等级及长期荷载作用下地基变形对上部结构的影响程度,地基基础设计应符合:

①设计等级为甲级、乙级的建筑物均应按地基变形设计;

②建筑物情况好、地基条件复杂的丙级建筑物地基,尚应做变形验算,以保证建筑物不因地基沉降影响正常使用;表 1-2 所列范围内设计等级为丙级的建筑物可不作变形验算,但有下列情况之一时,仍应作变形验算。

表 1-2　可不作地基变形计算的丙级建筑物范围

主要受力层情况	地基承载力特征值 f_{nk}/kPa		$60 \leqslant f_{nk}$ <80	$80 \leqslant f_{nk}$ <100	$100 \leqslant f_{nk}$ <130	$130 \leqslant f_{nk}$ <160	$160 \leqslant f_{nk}$ <200	$200 \leqslant f_{nk}$ <300
	各土层坡度/%		$\leqslant 5$	$\leqslant 5$	$\leqslant 10$	$\leqslant 10$	$\leqslant 10$	$\leqslant 10$
建筑类型	砌体承重结构、框架结构(层数)		$\leqslant 5$	$\leqslant 5$	$\leqslant 5$	$\leqslant 6$	$\leqslant 6$	$\leqslant 7$
	单层排架结构(6 m 柱距)	单跨 吊车额定起重量/t	$5\sim10$	$10\sim15$	$15\sim20$	$20\sim30$	$30\sim50$	$50\sim100$
		单跨 厂房跨度/m	$\leqslant 12$	$\leqslant 18$	$\leqslant 24$	$\leqslant 30$	$\leqslant 30$	$\leqslant 30$
		多跨 吊车额定起重量/t	$3\sim5$	$5\sim10$	$10\sim15$	$15\sim20$	$20\sim30$	$30\sim75$
		多跨 厂房跨度/m	$\leqslant 12$	$\leqslant 18$	$\leqslant 24$	$\leqslant 30$	$\leqslant 30$	$\leqslant 30$
	烟囱	高度/m	$\leqslant 30$	$\leqslant 40$	$\leqslant 50$	$\leqslant 75$		$\leqslant 100$
	水塔	高度/m	$\leqslant 15$	$\leqslant 20$	$\leqslant 30$	$\leqslant 30$		$\leqslant 30$
		容积/m³	$\leqslant 50$	$50\sim100$	$100\sim200$	$200\sim300$	$300\sim500$	$500\sim1000$

注:①地基主要受力层系指条形基础底面下深度为 $3b$(b 为基础底面宽度),独立基础下为 $1.5b$,且厚度均不小于 5m 的范围(二层以下一般的民用建筑除外)

②地基主要受力层中如有承载力特征值小于 130 kPa 的土层时,表中砌体承重结构的设计应符合《建筑地基基础设计规范》第七章的有关要求

③表中砌体承重结构和框架结构均指民用建筑,对于工业建筑可按厂房高度、荷载情况折合成与其相当的民用建筑层数

④表中吊车额定起重量、烟囱高度和水塔容积的数值系指最大值

A. 地基承载力特征值小于 130 kPa,且体型复杂的建筑;

B. 在基础上及其附近有地面堆载或相邻基础荷载差异较大、可能引起地基产生过大的不均匀沉降时;

C. 软弱地基上的建筑物存在偏心荷载时;

D. 相邻建筑距离过近、可能发生倾斜时;

E. 地基内有厚度较大或厚薄不均的填土、其自重固结未完成时。

4. 稳定性验算要求

①对经常受水平荷载作用的高层建筑、高耸结构和挡土墙等,以及建造在斜坡上或边坡附近的建筑物和构筑物,尚应验算其稳定性。

②基坑工程应进行稳定性验算。

③当地下水埋藏较浅,建筑地下室或地下构筑物存在上浮问题时,尚应进行抗浮验算。

从以上规定可以知道,基础工程设计前,必须对地基的强度、变形、稳定性进行验算。而在上部结构件设计时,有些是通过构造措施来保证,不需要进行具体的计算。

1.2.3 地基基础荷载取值规定

按现行国家标准,荷载分为永久荷载、可变荷载和偶然荷载,荷载采用标准值或设计值表达。荷载设计值等于其标准值乘以荷载分项系数。

1. 作用在基础上的荷载

①永久荷载:在结构使用期间,其值不随时间变化,或其变化与平均值相比可以忽略不计。例如结构自重、土压力、预应力等。

②可变荷载:在结构使用期间,其值随时间变化,或其变化与平均值相比不可以忽略不计的荷载。例如建筑物楼面活荷载、屋面活荷载、风荷载、雪荷载等。

③偶然荷载:在结构使用期内偶然出现(或不出现)、数值很大、持续时间很短的荷载,如地震力、船只或漂浮物撞击力等。

2. 荷载取值

①标准值:荷载的基本代表值,为设计基准期(为确定可变荷载代表值而选用的时间参数)内最大荷载统计分布的特征值,例如在《建筑结构荷载规范》(GB 50009—2001)中,住宅楼面的均布活荷载规定为 2.0 kN/m²。

②设计值:等于荷载的标准值乘以荷载分项系数。一般设计值大于或等于标准值,在《建筑结构荷载规范》中已有明确确定,永久荷载的分项系数为 1.2 或 1.35,可变荷载为 1.4 或 1.3。当采用某些结构分析程序进行电算时,可取永久荷载和可变荷载的综合分项系数为 1.25。

③组合值:对可变荷载,使组合后的荷载效应在设计基准期内的超越概率(类似失效概率)能与该荷载单独出现时的相应概率趋于一致的荷载值,或使组合后的结构具有统一规定的可靠指标的荷载值。

④准永久值:对可变荷载,在设计基准期内,其超越的总时间约为设计基准期一半的荷载值。

在地基基础中,荷载均采用设计值,即根据不同的设计对象采用不同的荷载组合。

3. 荷载组合

在进行地基基础设计时,《建筑地基基础设计规范》规定了作用于基础上的荷载效应组合应按以下原则进行。

①按地基承载力确定基础底面积或按单桩承载力确定桩数时,传至基础或承台底面上的荷载效应按正常使用极限状态下荷载效应的标准组合,即所有荷载均取标准值进行计算。相应的抗力应采用地基承载力特征值或单桩承载力特征值。

②计算地基变形时,传至基础底面上的荷载效应按正常使用极限状态下荷载效应的标准永久组合,不应计入风荷载和地震作用。相应的限值应为地基变形允许值。

③计算挡土墙土压力、地基或斜坡稳定及滑坡推力时,荷载效应应按承载能力极限状态下荷载效应的基本组合,但其分项系数均为1.0。

④在确定基础或桩承台高度、支挡结构截面、计算基础或支挡结构内力、确定配筋和验算材料强度时,上部结构传来的荷载效应组合和相应的基底反力,应按承载能力极限状态下荷载效应的基本组合,采用相应的分项系数。

⑤当要验算基础裂缝宽度时,应按正常使用极限状态下荷载效应的标准组合。

⑥基础设计安全等级、结构设计使用年限、结构重要性系数应按有关规范的规定采用,但结构重要性系数 γ_0 不应小于1.0。

⑦设计钢筋混凝土挡土墙时,土压力应按设计值计算,且所取分项系数不小于1.2。

1.2.4 地基基础常规设计方法

在工程设计中,通常把上部结构、基础和地基三者分离开来,分别进行计算。

以图1-1中柱下条形基础上的框架结构设计为例:先视框架柱底端为固定支座将框架分离开来;然后按图1-1(b)所示的计算简图计算荷载作用下的框架内力;再把求得的柱脚支座反力作为基础荷载反方向作用于条形基础上,如图1-1(c),并按直线分布假设计算基底反力,这样就可以求得基础的截面内力;进行地基计算时,则将基底压力(与基底反力大小相等方向相反),如图1-1(d)施加于地基上,并作为柔性荷载(不考虑基础刚度)来验算地基承载力和地基沉降。

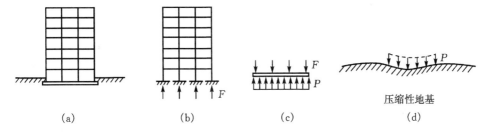

| (a) | (b) | (c) | (d) |

图1-1 地基、基础、上部结构常规设计分析简图

上述设计方法称为常规设计方法。这种设计方法虽然满足了静力平衡条件,但却忽略了地基、基础和上部结构三者之间受荷前后的变形连续性。事实上,地基、基础和上部结构三者

是相互联系成整体来承担荷载而发生变形的,它们原来互相连接或接触的部位,在受荷后一般仍然保持连接或接触,即墙柱底端的位移、该处基础的变形和地基表面的沉降应相互一致,满足变形协调条件。显然,地基越软弱,按常规设计方法计算的结果与实际情况的差别就越大。

由此可见,合理的分析方法原则上应该是地基、基础、上部结构之间必须同时满足静力平衡和变形协调两个条件。只有这样,才能揭示它们在外荷载作用下相互制约、彼此影响的内在联系,从而达到安全、经济的设计目的。鉴于这种从整体上进行相互作用分析难度较大,因此对于一般的基础设计仍然采用常规设计方法,而对于复杂的或大型的基础,则宜在常规设计方法的基础上,区别情况考虑采用地基基础上部结构的相互作用来处理。

常规设计方法在满足下列条件时可认为是可行的。

①沉降较小或较均匀地基:因为若地基不均匀沉降较大,就会在上部结构中引起很大的附加内力,导致结构设计不安全。

②基础刚度较大:基底反力一般并非呈直线分布,它与土的类别及性质、基础尺寸和刚度及荷载大小等因素有关,一般而言,当基础刚度较大时,可认为基底反力近似呈直线分布。

1.3　本课程的特点和学习要求

基础工程是一门工程学科,是岩土工程学的组成部分。本课程建立在土力学的基础之上,涉及工程地质学、土力学、弹性力学、塑性力学、结构设计和施工等学科领域,内容广泛,综合性强,学习时应该突出重点,兼顾全面。

本课程的特点是根据建筑物对基础功能的特殊要求,通过各种手段了解拟建场地的工程地质和水文地质条件,结合上部结构荷载大小、功能要求等情况,选用合理的基础工程设计方案,然后运用土力学及工程结构的基本设计原理,分析地层与基础工程的相互作用及其强度、变形和稳定性,最后给出合理的基础工程设计计算结果和建造技术措施,确保建筑物的安全与稳定。原则上,基础工程设计是以工程要求和勘探试验为依据,以岩土与基础共同作用和变形与稳定分析为核心,以优化基础方案与建筑技术为灵魂,以解决工程问题确保建筑物安全与稳定为目的。

在学习过程中,读者应以掌握土力学、钢筋混凝土课程中的相关内容为基础,比如地基承载力确定、土坡稳定分析方法、挡土墙土压力计算、钢筋混凝土基本构件截面设计等;同时还应了解和学会使用工程地质勘察报告书;应明确任何成功的基础工程都是岩土力学、工程地质学、结构计算等知识的运用和工程实践经验的完美结合;应了解上部结构、基础和地基是作为一个整体协调工作的,一些常规计算方法不考虑三者共同工作是有条件的,在评价计算结果时应考虑这种影响,并采取相应的构造措施。

由于地基土性质的复杂性以及建(构)筑物类型、荷载情况又各不相同,因而在基础工程中不易找到完全相同的实例,这就要求设计者以岩土力学基本理论为基础,以工程勘察结果为依据,灵活采用合适的基础形式和选用最佳的处理方案去解决基础工程问题。另外,在建筑、道桥、水利、港口等不同行业,基础工程的设计、施工不尽相同,在学习基础工程课程时,既要重点掌握基础与岩土地层共同作用的机理及其工程性状,掌握其变形与稳定性的分析方法以及各项基础工程的技术措施,又要学会根据各行业相关规范的不同要求进行基础工程设计与计算。

我国地域辽阔,土类多种多样。某些土类(如湿陷性黄土、软土、膨胀土、红黏土和多年冻土等)还具有不同于一般土类的特殊性质,必须针对地基特性采取适当的工程措施,这些内容在有关地基处理的教科书中有介绍。本书力求用简短的篇幅将地基基础设计原理讲解清楚,同时为了服务于工程实践,教材中也汇编了有关规范和手册中对设计、试验及施工方法的具体规定和建议。

随着我国经济建设的发展,相信会碰到更多的基础工程问题,也会不断出现新的热点和难点,而基础工程将在克服这些难点的基础上得到新的发展。

第2章　天然地基上的浅基础设计

2.1　概　述

地基分为天然地基和人工地基两类,基础按照埋置深度和施工方法的不同又可分为浅基础和深基础两类。一般在天然地基上修筑浅基础施工简单,造价较低;而人工地基及深基础往往造价较高,施工也比较复杂。因此在保证建筑物的安全和正常使用的前提下,应首先选用天然地基上浅基础方案。

在地基设计时,应考虑的几个因素:

①建筑基础所用的材料及基础的结构形式;

②基础的埋置深度;

③地基土的承载力;

④基础的形状和布置、与相邻基础、地下构筑物和地下管道的关系;

⑤上部结构的类型、使用要求及其对不均匀沉降的敏感性;

⑥施工期限、施工方法及所需的施工设备等。

2.1.1　地基基础设计内容与步骤

天然地基上浅基础的设计,包括下述各项内容与步骤:

①确定作用在基础上的各类荷载标准值、设计值大小及其作用位置;

②选择基础的材料、类型,进行基础平面布置;

③选择基础的埋置深度;

④确定地基承载力设计值;

⑤确定基础的底面尺寸;

⑥必要时进行地基变形与稳定性验算;

⑦进行基础结构设计(按基础布置进行内力分析、截面计算和满足构造要求);

⑧绘制基础施工图,提出施工说明。

上述浅基础设计的各项内容是互相关联的。设计时可按上列顺序,首先确定荷载大小、选择基础材料、类型和埋深,然后逐步进行计算。如发现前面的选择不妥,则须修改设计,直至各项计算均符合要求且各数据前后一致为止。

基础施工图应清楚标明基础的布置、各部分的平面尺寸和剖面。注明设计底面或基础底面的标高。如果基础的中线与建筑物的轴线不一致,应标明。如建筑物在地下有暖气沟等设施,也应标示清楚。至于所用材料及其强度等级等方面的要求和规定,应在施工说明中提出。如果地基软弱,为了减轻不均匀沉降的危害,在进行基础设计的同时,尚需从整体上对建筑设计和结构设计采取相应的措施,并对施工提出具体要求。

2.1.2　浅基础的设计方法

浅基础的设计方法一般有常规设计方法和考虑地基、基础及上部结构相互作用的设计方法两种。

常规设计方法:把上部结构、基础和地基三者分离出来,分别对三者进行计算的设计方法称为常规设计方法。该方法满足了静力平衡条件,但忽视了地基、基础和上部结构三者受荷后的连续性。

考虑地基、基础和上部结构相互作用设计方法:考虑上部结构、基础和地基三者作用。该方法满足了静力平衡条件,又可满足地基、基础和上部结构三者受荷后的连续性。

基础的上方为上部结构的墙、柱,而基础底面以下则为地基土体。基础承受上部结构的作用并对地基表面施加压力(基底压力),同时,地基表面对基础产生反力(地基反力),两者大小相等,方向相反。基础所承受的上部荷载和地基反力应满足平衡条件。地基土体在基底压力作用下产生附加应力和变形,而基础在上部结构和地基反力的作用下则产生内力和位移,地基与基础互相影响、互相制约。进一步说,地基与基础之间,除了荷载的作用外,还与它们抵抗变形或位移的能力有着密切关系。而且,基础及地基也与上部结构的荷载和刚度有关。即:地基、基础和上部结构都是互相影响、互相制约的。它们原来互相连接或接触的部位,在各部分荷载、位移和刚度的综合影响下,一般仍然保持连接或接触,墙柱底端位移、该处基础的变位和地基表面的沉降相一致,满足变形协调条件。上述概念,可称为地基-基础-上部结构的相互作用。

考虑地基、基础和上部结构相互作用设计方法既考虑了受力平衡,又符合变形协调一致条件,具有一定理论计算的完备性。然而,由于其考虑因素众多,计算过程复杂,不能够满足工程设计计算的要求,因此,为了简化计算,在工程设计中,通常把上部结构、基础和地基三者分离开来,分别对三者进行计算:视上部结构底端为固定支座或固定铰支座,不考虑荷载作用下各墙柱端部的相对位移,并按此进行内力分析;而对基础与地基,则假定地基反力与基底压力呈直线分布,分别计算基础的内力与地基的沉降。这种传统的分析与设计方法,即为常规设计法。这种设计方法,对于良好均质地基上刚度大的基础和墙柱布置均匀、作用荷载对称且大小相近的上部结构来说是可行的。在这些情况下,按常规设计法计算的结果,与进行地基-基础-上部结构相互作用分析的差别不大,可满足结构设计可靠度的要求,并已经过大量工程实践的检验。

基底压力一般并非呈直线(或平面)分布,它与土的类别性质、基础尺寸和刚度以及荷载大小等因素有关。在地基软弱、基础平面尺寸大、上部结构的荷载分布不均等情况下,地基的沉降和分力将受到基础和上部结构的影响,而基础和上部结构的内力和变位也将调整。如按常规方法计算,墙柱底端的位移、基础的挠曲和地基的沉降将各不相同,三者变形不协调,且不符合实际。而且,地基不均匀沉降所引起的上部结构附加内力和基础内力变化,未能在结构设计中加以考虑,因而也不安全。只有进行地基-基础-上部结构的相互作用分析,才能合理进行设计,做到既降低造价又能防止建筑物遭受损坏。目前,这方面的研究工作已取得进展,人们可以根据实测资料和借助电子计算机,进行某些结构类型、基础形式和地基条件的相互作用分析,并在工程实践中运用相互作用分析的成果或概念。

2.2　浅基础的类型

浅基础根据基础所用材料的性能可分为:刚性基础和柔性基础。根据它的形状和大小可分成独立基础、条形基础(包括十字交叉条形基础)、筏板基础、箱形基础及壳体基础等。

2.2.1　刚性基础

定义:由刚性材料制作的基础,如图 2-1 所示。

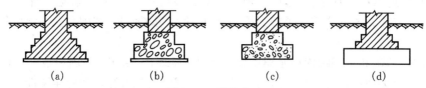

图 2-1　刚性基础
(a)砖基础;(b)毛石基础;(c)混凝土基础或毛石混凝土基础;(d)灰土基础或三合土基础

材料:通常是由砖、块石、毛石、素混凝土、三合土和灰土等材料建造,这些材料的抗压强度高,而抗拉、抗剪强度较低。所以刚性基础不能承受拉力。

大放脚:由于地基承载能力的限制,当基础承受墙或柱传来的荷载后,为使其单位面积所传递的力与地基的允许承载能力相适应,便以台阶的形式逐渐扩大基础传力面积,这种逐渐扩展的台阶称为大放脚。

刚性角 α:(控制基础传力范围的夹角)基础的传力范围只能控制在材料的允许范围内,这个控制范围的夹角称为刚性角,用 α 表示。当超出这个范围,则由于地基反作用力的原因,使基础底面产生拉应力而破坏。所以,刚性基础底面宽度的增大要受到刚性角的限制。设计时要求基础的外伸宽度和基础高度的比值在一定的限度内,否则基础会产生破坏,如图 2-2 所示。不同材料基础的刚性角是不同的,通常砖、石基础的刚性角在 $26°\sim33°$ 之间,即基础每级台阶的高宽比在 $1.5:1\sim2:1$,混凝土基础则控制在 $45°$(高宽比为 $1:1$)以内。

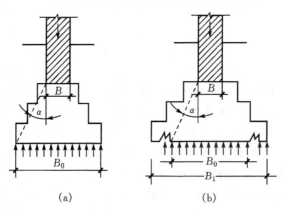

图 2-2　刚性基础受力特点
(a)基础受力在刚性角范围以内;(b)基础宽度超过刚性角范围而破坏

缺陷:当建筑物的荷载较大而地基承载力较小时,基础底面必须加宽,如果仍采用刚性基础,则需加大基础的深度,这样,既增加了挖土工作量,又使材料的用量增加,增长工期、增加造价。

2.2.2　柔性基础

定义:用钢筋来承受拉应力的混凝土基础为柔性基础。在混凝土基础的底部配以钢筋,利用钢筋来承受拉应力,使基础底部能够承受拉力和较大的弯矩,这时,基础宽度的加大不受刚性角的限制。

优点:柔性基础具有较好的抗剪力和抗弯力。

适用情况:当刚性基础尺寸不能同时满足地基承载力和基础埋深的要求时,采用柔性基础。

2.2.3　独立基础

当建筑物上部结构采用框架结构或单层排架结构承重时,基础常用方形或矩形的单独基础。当柱采用预制构件时,则基础做成杯口形,然后将柱子插入并嵌固在杯口内,也称为杯口基础。有时因建筑场地起伏或局部工程地质变化,以及避开设备基础等原因,可将个别基础底面降低,做成高杯口基础,或称为长颈基础。通常有现浇台阶形基础、现浇锥形基础和预制柱的杯口形基础,其构造形式如图 2-3 所示。

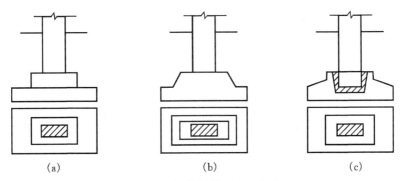

图 2-3　钢筋混凝土独立基础
(a)台阶形基础;(b)锥形基础;(c)杯口形基础

轴心受压柱下基础的底面形状为正方形,而偏心受压柱下基础的底面形状为矩形。

2.2.4　条形基础

型式:墙下条形基础和柱下条形基础。

墙下条形基础:当建筑物上部结构采用墙承重时,基础沿墙身设置,做成长条形。

柱下条形基础:当地基承载力较低且柱下钢筋混凝土独立基础的底面积不能承受上部结构荷载的作用,常把若干柱子的基础连成一体而形成柱下条形基础。

交叉钢筋混凝土条形基础:当地基条件较差,为了提高建筑物的整体性,防止柱子之间产生不均匀沉降,常将柱下基础沿纵横两个方向扩展连接起来。把一个方向的单列柱基连在一起成为单向条形基础。把纵横柱基础均连成一片成为十字交叉条形基础。

优点:将承受的集中柱荷载较均匀地分布到扩展的条形基础底面积上,减小地基反力,并通过形成的整体刚度来调整可能产生的不均匀沉降。

1.墙下钢筋混凝土条形基础

此种基础横截面根据受力条件可以分为不带肋和带肋两种,如图 2-4 所示。若地基不均匀,为了加强基础的整体性和抗弯能力,可以采用有肋的墙下钢筋混凝土条形基础,肋部配置足够的纵向钢筋和箍筋。

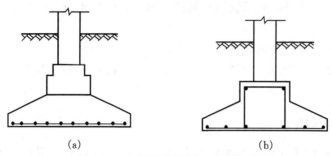

(a)　　　　　　　　　　　　(b)

图 2-4　墙下钢筋混凝土条形基础

(a)不带肋墙下钢筋混凝土条形基础;(b)带肋墙下钢筋混凝土条形基础

2. 柱下钢筋混凝土条形基础

当地基承载力较低且柱下钢筋混凝土独立基础的底面积不能承受上部结构荷载的作用时,常将若干柱基连成一条构成柱下条形基础,如图 2-5 所示。

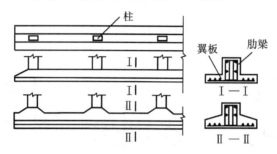

图 2-5　柱下钢筋混凝土条形基础

3. 交叉钢筋混凝土条形基础

当单向条形基础的底面仍不能承受上部结构荷载的作用,可以将纵横柱基础均连在一起,成为十字交叉条形基础,如图 2-6 所示。交叉条形基础可承担十层以下的民用建筑。

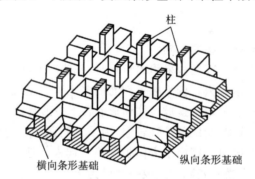

图 2-6　交叉条形基础

2.2.5　筏板基础

定义:采用钢筋混凝土满堂板基础的平板基础称为筏板基础,它类似一块倒置的楼盖。

优点:比十字交叉条形基础有更大的整体刚度(刚度大),有利于调整(减小)地基的不均匀沉降,更能适应上部结构荷载分布的变化。

当地基承载力低,而上部结构的荷载又较大,以致交叉条形基础仍不能提供足够的底面积来满足地基承载力的要求时,可采用钢筋混凝土筏板基础。筏板基础分为平板式和梁板式两种类型,构造如图 2-7 所示。

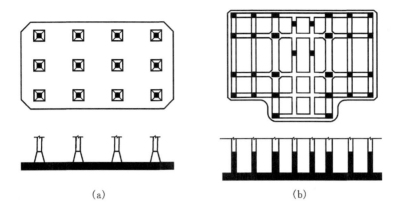

(a)　　　　　　　　　　　　　　(b)

图 2-7　筏板基础
(a)平板式;(b)梁板式

型式:

①平板式筏板基础:是一块等厚度(0.5～2.5 m)的钢筋混凝土平板,厚度不小于200 mm。当柱荷载较大,设墩基以防止筏板被冲剪破坏。

②梁板式筏板基础:当柱距较大,柱荷载相差也较大时板内会产生较大的弯矩,宜在板上沿柱轴纵横向设置基础梁。这时板的厚度比平板式小得多。

2.2.6　箱形基础

定义:是由钢筋混凝土底板、顶板和纵横墙组成,形似一只刚度较大的箱子。

适用情况:当地基承载力较低,上部结构荷载较大,采用十字交叉条形基础无法满足承载力要求,又不允许采用桩基时,可采用箱形基础。

优点:箱形基础具有比筏板基础更大的抗弯刚度(抗弯刚度高),可视作绝对刚性基础,能调整基底的承压力,常用于高层建筑中。

缺点:材料消耗量较大,对施工技术要求高,还有深基坑开挖的问题。

箱形基础通常如图 2-8(a)所示。为了加大底板刚度,也可采用“套箱式”箱形基础,如图2-8(b)所示。

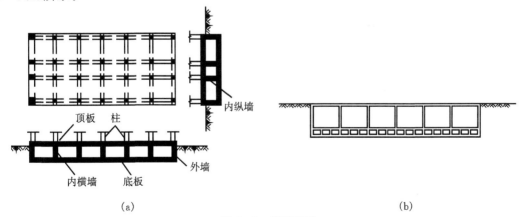

(a)　　　　　　　　　　　　　　(b)

图 2-8　箱形基础
(a)常规式;(b)套箱式

2.2.7 壳体基础

定义：基础采用结构内力主要是轴向压力的壳体结构，也是钢筋混凝土基础，由杯口、壳面和边梁组成，见图 2-9。

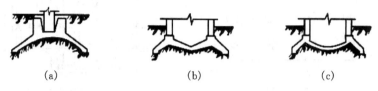

（a）　　　　　　　　　　（b）　　　　　　　　　　（c）

图 2-9　壳体基础
（a）正圆锥壳；（b）M 形组合壳；（c）内球外锥组合壳

特点：具有材料省和造价低的特点，但对施工技术要求较高。

在实际工作中，采用何种形式的浅基础，应根据建筑物的工程地质条件、技术经济和施工条件等因素加以综合考虑。一般遵循刚性基础→柱下独立基础、柱下条形基础→交叉条形基础→筏板基础→箱形基础的顺序来选择基础形式。当然，在选择过程中应尽量做到经济、合理。

2.3　基础埋置深度的选择

基础埋置深度是指基础底面至地面（一般指室外地面）的距离。基础埋深的选择关系到地基基础的优劣、施工的难易和造价的高低。在满足地基稳定和变形要求的前提下，基础宜浅埋。当地基表层土的承载力大于下层土时，宜利用表层土作持力层。基础埋深应大于因气候变化或树木生长导致地基土胀缩及其他生物活动形成孔洞等可能到达的深度，除岩石地基外，不宜小于 0.5 m。为了保护基础，一般要求基础顶面低于设计地面至少 0.1 m。影响基础埋深选择的因素可归纳为四个方面，对于一项具体工程来说，基础埋深的选择往往取决于下述某一方面中的决定性因素。

2.3.1 相邻建（构）筑物的影响

靠近原有建筑物修建新基础时，为了不影响原有基础的安全，新基础最好不低于原有的基础。如必须超过时，则两基础间净距应不小于其底面高差的 1～2 倍，如图 2-10 所示。如上

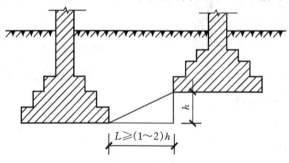

图 2-10　不同埋深的相邻基础

述要求不能满足时,应采取分段施工,设临时加固支撑、打板桩、地下连续墙等,或加固原有建筑物地基。此外,在使用期间,还要注意新基础的荷载是否将引起原有建筑物产生不均匀沉降。

当相邻基础必需选择不同埋深时,也可依照图2-11所示的原则处理,并尽可能按先深后浅的次序施工。

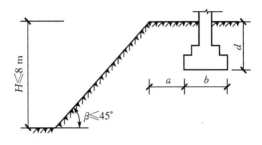

图2-11 边坡坡顶处基础的最小埋深图

位于稳定边坡之上的拟建工程,要保证地基有足够的稳定性,如图2-11所示。对于坡高$H \leqslant 8$ m,坡角$\beta \leqslant 45°$,且$b \leqslant 3$ m,$a \geqslant 2.5$ m时,基础埋深d符合下列条件时,可以认为已满足稳定要求

$$条形基础:d \geqslant (3.5b - a)\tan\beta \qquad (2-1)$$
$$矩形基础:d \geqslant (2.5b - a)\tan\beta \qquad (2-2)$$

2.3.2 建筑物的用途类型及荷载大小性质的影响

在保证建筑物基础安全稳定、使用耐久的前提下,宜尽量浅埋,以便节省投资,方便施工。

对高层建筑筏形和箱形基础,其埋置深度应满足地基承载力、变形和稳定性要求。在抗震设防区,除岩石地基外,天然地基上的箱形和筏形基础其埋置深度不宜小于建筑物高度的$1/15$;桩箱或桩筏基础的埋置深度(不计桩长)不宜小于建筑物高度的$1/20$;位于岩石地基上的高层建筑,其基础埋深应满足抗滑要求。

如果在基础范围内有管道或坑沟等地下设施通过时,基础的顶板原则上应低于这些设施的底面。否则应采取有效措施,消除基础对地下设施的不利影响。

荷载大小及性质不同,对持力层的要求也不同。某一深度的土层,对荷载小的基础可能是很好的持力层,而对荷载大的基础就可能不宜作为持力层。荷载的性质对基础埋置深度的影响也很明显。对于承受水平荷载的基础,必须有足够的埋置深度来获得土的侧向抗力,以保证基础的稳定性;对于承受上拔力的基础(如输电塔基础),也要求有较大的埋深以提供足够的抗拔阻力;对于承受动荷载的基础,则不宜选择饱和疏松的粉细砂土层作为持力层,以免这些土层由于震动液化而丧失承载力,造成基础失稳。

2.3.3 工程地质和水文地质条件的影响

工程地质状况往往可以决定基础的埋置深度。一般当上层土的承载力能满足要求时,就应选择上层土作为持力层。若其下有软弱土层时,则应验算软弱下卧层的承载力是否满足要求,这种情况下,减少埋深往往是有利的。对于在基础延伸方向土性不均匀的地基,有时可以根据持力层的变化,将基础分成若干段,各段采用不同的埋置深度,以减少基础的不均匀沉降。

考虑到地表一定深度内受到气温变化、雨水侵蚀、动植物生长及人为活动的影响,基础埋深不得小于 0.5 m;为保护基础不外露,基础大放脚顶面应低于室外地面至少 0.1 m;另外,基础应埋置于持力层面下不少于 0.1 m,如图 2-12 所示。

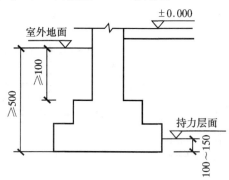

图 2-12 基础的最小埋置深度(单位:mm)

对于有地下水的场地,宜将基础置于地下水位以上,以免施工排水的麻烦。如必须放在地下水位以下,则应在施工时采取措施,以保证地基土不受扰动。

当持力层为隔水层而其下方存在承压水层时,为了避免承压水冲破槽底而破坏地基,应注意开挖基槽时保留槽底安全厚度 h_0。安全厚度可按下式估算

$$h_0 > \frac{\gamma_w}{\gamma} h \tag{2-3}$$

式中:h——承压水的上升高度(从隔水层底面起算),m;

  h_0——隔水层剩余厚度(槽底安全厚度);

  γ_w——水的重度,kN/m^3;

  γ——土的重度,kN/m^3。

2.3.4 土的冻胀影响

地面以下一定深度的地层温度随大气温度的变化而变化。当地层温度降至 0℃ 以下时,土中部分孔隙水将冻结而形成冻土。冻土可分为季节性冻土和多年冻土两类。季节性冻土在冬季冻结而夏季融化,每年冻融交替一次。多年冻土则不论冬夏常年处于冻结状态,且冻结连续三年以上。我国季节性冻土分布很广,东北、华北和西北地区的季节性冻土层厚度在 0.5 m 以上,最大的可达 3 m。

若基础埋于冻土内,冬季土层冻结,处于冻结深度范围内的土中水被冻结形成冰晶体,未冻结区的自由水和部分结合水向冻结区迁移、聚集,使冰晶体逐渐扩大,引起土体膨胀和隆起,当冻胀力和冻切力足够大时,会导致基础与墙体发生不均匀的上抬,如图 2-13 所示,使门窗不能开启,严重时墙体会开裂;当春季解冻时,冰晶体融化,含水量增大,地基土的强度降低,建筑物将产生不均匀的沉陷。在气温低、冻结深度大的地区,由于冻害使墙体开裂的情况较多,应引起足够的重视。

影响冻胀的因素主要是土的粒径大小、土中含水量的多少以及地下水补给条件等。对于结合水含量极少的粗粒土,因不发生水分迁移,故不存在冻胀问题。处于坚硬状态的黏性土,

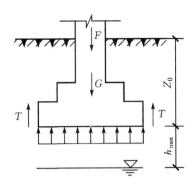

图 2-13　基础底部冻胀力和冻切力

因为结合水的含量很少,冻胀作用也很微弱。此外,若地下水位高或通过毛细水能使水分向冻结区补充,则冻胀会较严重。《建筑地基基础设计规范》(GB 50007—2002)根据冻土层的平均冻胀率的大小,把地基冻胀性分为不冻胀、弱冻胀、冻胀、强冻胀和特强冻胀五个等级。

1. 设计冻深的计算

季节性冻土地基的设计冻深 Z_d 应按下式计算

$$Z_d = Z_0 \cdot \Psi_{zs} \cdot \Psi_{zw} \cdot \Psi_{ze} \tag{2-4}$$

式中:Z_d——设计冻深;

　　　Z_0——地区标准冻深,按《建筑地基基础设计规范》(GB 50007—2002)附录 F 采用;

　　　Ψ_{zs},Ψ_{zw},Ψ_{ze}——影响系数,分别按表 2-1、表 2-2、表 2-3 确定。

表 2-1　土的类别对冻深的影响系数

土的类别	影响系数 Ψ_{zs}	土的类别	影响系数 Ψ_{zs}
黏性土	1.00	中、粗、砾砂	1.30
细砂、粉砂、粉土	1.20	碎石土	1.40

表 2-2　土的冻胀性对冻深的影响系数

冻胀性	影响系数 Ψ_{zw}	冻胀性	影响系数 Ψ_{zw}
不冻胀	1.00	强冻胀	0.85
弱冻胀	0.95	特强冻胀	0.80
冻胀	0.90		

表 2-3　环境对冻深的影响系数

周围环境	影响系数 Ψ_{ze}	周围环境	影响系数 Ψ_{ze}
村、镇、旷野	1.00	城市市区	0.90
城市近郊	0.95		

注:环境影响系数一项,当城市市区人口为 20~50 万时,按城市近郊取值;当人口大于 50 万小于或等于 100 万时,按城市市区取值;当城市市区人口超过 100 万时,按城市市区取值,5 km 以内的郊区应按城市近郊取值

2. 考虑冻胀的基础最小埋深

当建筑基础底面下允许有一定厚度的冻土层时，基础最小埋深应满足下式

$$d_{min} = Z_d - h_{max} \tag{2-5}$$

其中 h_{max} 为基础底面下允许残留冻土层的最大厚度，按表 2-4 采用。当有充分依据时，基底下允许残留冻土厚度也可根据当地经验确定。

表 2-4 建筑基底下允许残留冻土层厚度 h_{max}/m

冻胀性	基础形式	采暖情况	基底平均压力/kPa						
			90	110	130	150	170	190	210
弱冻胀土	方形基础	采暖	—	0.94	0.99	1.04	1.11	1.15	1.20
		不采暖	—	0.78	0.84	0.91	0.97	1.04	1.10
	条形基础	采暖	—	>2.50	>2.50	>2.50	>2.50	>2.50	>2.50
		不采暖	—	2.20	2.50	>2.50	>2.50	>2.50	>2.50
冻土	方形基础	采暖	—	0.64	0.70	0.75	0.81	0.86	—
		不采暖	—	0.55	0.60	0.65	0.69	0.74	—
	条形基础	采暖	—	1.55	1.79	2.03	2.26	2.50	—
		不采暖	—	1.15	1.35	1.55	1.75	1.95	—
强冻胀土	方形基础	采暖	—	0.42	0.47	0.51	0.56	—	—
		不采暖	—	0.36	0.40	0.43	0.47	—	—
	条形基础	采暖	—	0.74	0.88	1.00	1.13	—	—
		不采暖	—	0.56	0.66	0.75	0.84	—	—
特强冻土	方形基础	采暖	0.30	0.34	0.38	0.41	—	—	—
		不采暖	0.24	0.27	0.31	0.34	—	—	—
	条形基础	采暖	0.43	0.52	0.61	0.70	—	—	—
		不采暖	0.33	0.40	0.47	0.53	—	—	—

注：①本表只计算法向冻胀力，如果基侧存在切向冻胀力，应采取防切向力措施

②本表不适用于宽度小于 0.6 m 的基础，矩形基础可取短边尺寸按方形基础计算

③表中数据不适用于淤泥、淤泥质土和欠固结土

④表中基底平均压力数值为永久荷载标准值乘以 0.9，可以内插

2.4 地基承载力确定

地基承载力是指在保证强度、变形和稳定性能满足设计要求的条件下，地基土所能承受的最大荷载。地基承载力的确定在地基基础设计中是一个非常重要而又十分复杂的问题。说其重要是因为地基承载力确定的正确与否，关系到建筑物的安危和基础工程造价；说其复杂是因为地基承载力不仅与土的物理、力学性质有关，而且还与基础类型、基底尺寸、基础埋深、建筑结构类型及施工速度等因素有关。确定地基承载力的方法有三种：①按土的抗剪强度指标以理论公式计算；②按地基载荷试验及其他原位试验结果确定；③按《建筑地基基础设计规范》(GB 5007—2002)提供的承载力公式确定。

地基承载力特征值是指由载荷试验测定的地基土压力变形曲线线性变形阶段内规定的变形所对应的压力值，其最大值为比例界限值。现行地基规范采用"特征值"一词，用于表示正常使用

极限状态计算时采用的地基承载力,其实质是在发挥正常使用功能时所允许采用的抗力设计值。地基承载力特征值可由载荷试验或其他原位测试、公式计算并结合工程实践经验综合确定。

2.4.1　按土的抗剪强度指标确定

按土的抗剪强度指标确定地基承载力的方法较多,常用方法是将极限承载力除以安全系数,即

$$f_a = \frac{p_0 A'}{KA} \qquad (2-6)$$

式中:f_a——地基承载力特征值,kPa;

　　　p_0——地基的极限承载力(可采用太沙基公式、魏锡克公式、汉森公式计算),kPa;

　　　A'——与地基土接触的有效基底面积,m^2;

　　　A——基底面积,m^2;

　　　K——安全系数,一般取 $2 \sim 3$。

2.4.2　按地基载荷试验确定

载荷试验是一种原位测试技术,由载荷板向地基土施加荷载,通过仪器测出地基土的应力与变形关系曲线、地基土的沉降量等。在加荷很大时,还可判断出地基土的破坏形式。该试验能准确反映出载荷板下应力主要范围内的土性特征,从而根据试验成果确定出地基承载力特征值。

对于密实砂土、硬塑黏性土等低压缩性土,其 p-s 曲线 L 通常有较明显的起始直线段和极限值,为"陡降型";对于松砂、可塑黏性土等中、高压缩性土,其 p-s 曲线 L 无明显转折点,但曲线斜率随荷载的增大而逐渐增大,为"缓变型",如图 2-14。

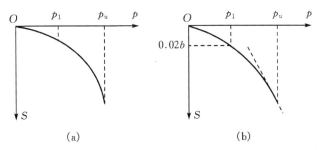

图 2-14　按载荷试验成果确定地基承载力特征值
(a)低压缩性土;(b)高压缩性土

终止加载条件如下:

①沉降 s 急骤增大,荷载-沉降(p-s)曲线上有可判定极限承载力的陡降段,且沉降量超过 $0.04d$(d 为承压板直径);

②在某级荷载下,24 小时内沉降速率不能达到稳定;

③本级沉降量大于前一级沉降量的 5 倍;

④当持力层土层坚硬,沉降量很小时,最大增加载量不小于设计要求的 2 倍。

利用载荷试验成果 p-s 曲线确定地基承载力特征值。

①当 p-s 曲线上有明显的比例界限 p_1 时,取该比例界限所对应的荷载作为地基承载力

特征值。

②满足前三条终止加载条件之一时,其对应的前一级荷载定为极限荷载,当该值小于对应比例界限的荷载值的 2 倍时,取极限荷载值的 1/2。

③不能按上述两点要求确定时,可取 $s/d=0.01\sim0.015$ 所对应的荷载值,但其值不应大于最大加载量的 1/2。

同一土层参加统计的试验点不应少于三点,当试验实测值的极差不超过平均值的 30% 时,取此平均值作为该土层的地基承载力特征值 f_{ak}。载荷试验结果可靠,但试验设备复杂、试验历时较长、费用较高,故只对重要建筑物场地采用载荷试验。

由于建筑物基础面积、埋置深度及影响深度与载荷试验承压板面积和测试深度差别很大,当基础宽度大于 3 m 或埋置深度大于 0.5 m 时,由载荷试验或其他原位测试、经验值等方法确定的地基承载力特征值,尚应按下式修正

$$f_a = f_{ak} + \eta_b\gamma(b-3) + \eta_d\gamma_m(d-0.5) \tag{2-7}$$

式中:f_a——修正后的地基承载力特征值;

f_{ak}——由载荷试验或其他原位测试、经验等方法确定的地基承载力特征值;

η_b,η_d——基础宽度和埋深的地基承载力修正系数,按基底下土类查表 2-5;

γ——基础底面以下土的重度,地下水位以下取有效重度;

b——基础底面宽度,m,当基础底面宽度小于 3 m 时按 3 m 取值,大于 6 m 时按 6 m 取值;

γ_m——基础底面以上土的加权平均重度,地下水位以下取有效重度;

d——基础埋置深度,m,一般自室外地面算起。在填方整平地区,可自填土地面标高算起,但填土在上部结构施工后完成时,应从天然地面标高算起。对于地下室,如采用箱形基础或筏基时,基础埋置深度自室外地面标高算起;如果采用独立基础或条形基础时,应从室内地面标高算起。

表 2-5 承载力修正系数

土 的 类 别		η_b	η_d
淤泥和淤泥质土		0	1.0
人工填土 e 或 I_L 大于等于 0.85 的黏性土		0	1.0
红黏土	含水比 $\alpha_w > 0.8$	0	1.2
红黏土	含水比 $\alpha_w \leqslant 0.8$	0.15	1.4
大面积压实填土	压实系数大于 0.95、粘粒含量 $\rho_c \geqslant 10\%$ 的粉土	0	1.5
大面积压实填土	最大干密度大于 2.1 t/m³ 的级配砂石	0	2.0
粉 土	粘粒含量 $\rho_c \geqslant 10\%$ 的粉土	0.3	1.5
粉 土	粘粒含量 $\rho_c < 10\%$ 的粉土	0.5	2.0
e 及 I_L 均小于 0.85 的黏性土		0.3	1.6
粉砂、细砂(不包括很湿与饱和的稍密状态)		2.0	3.0
中砂、粗砂、砾砂和碎石土		3.0	4.4

注:①强风化和全风化的岩石,可参照所风化成的相应土类取值,其他状态下的岩石不修正

②地基承载力特征值按《建筑地基基础设计规范》附录 D 深层平板载荷试验确定时,η_d 取 0

2.4.3　按《建筑地基基础设计规范》(GB 50007—2002)公式确定

依据规范,当偏心距 e 小于或等于 0.033 倍基础底面宽度时,根据土的抗剪强度指标确定地基承载力特征值可按下式计算,并应满足变形要求

$$f_a = M_b \gamma b + M_d \gamma_m d + M_c c_k \qquad (2-8)$$

式中:f_a——由土的抗剪强度指标确定的地基承载力特征值;

M_b,M_d,M_c——承载力系数,由表 2-6 确定;

b——基础底面宽度,大于 6 m 时按 6 m 取值,对于砂土小于 3 m 时按 3 m 取值;

c_k——基底下一倍短边宽深度内土的黏聚力标准值。

表 2-6　承载力系数 M_b,M_d,M_c

土的内摩擦角标准值 φ_k/(°)	M_b	M_d	M_c
0	0	1.00	3.14
2	0.03	1.12	3.32
4	0.06	1.25	3.51
6	0.10	1.39	3.71
8	0.14	1.55	3.93
10	0.18	1.73	4.17
12	0.23	1.94	4.42
14	0.29	2.17	4.69
16	0.36	2.43	5.00
18	0.43	2.72	5.31
20	0.51	3.06	5.66
22	0.61	3.44	6.04
24	0.80	3.87	6.45
26	1.10	4.37	6.90
28	1.40	4.93	7.40
30	1.90	5.59	7.95
32	2.60	6.35	8.55
34	3.40	7.21	9.22
36	4.20	8.25	9.97
38	5.00	9.44	10.80
40	5.80	10.84	11.73

注:φ_k 为基底下一倍短边宽深度内土的内摩擦角标准值

【例 2-1】某黏土地基上的基础尺寸及埋深如下图所示,试按强度理论公式(2-8)计算地基承载力特征值。

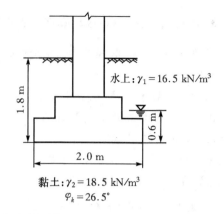

水上：$\gamma_1 = 16.5 \text{ kN/m}^3$

1.8 m

0.6 m

2.0 m

黏土：$\gamma_2 = 18.5 \text{ kN/m}^3$
$\varphi_k = 26.5°$

【解】 据 $\varphi_k = 26.5°$ 查表内插，得

$$M_b = 1.18, M_d = 4.51, M_c = 7.03$$

故　$f_a = M_b \gamma b + M_d \gamma_m d + M_c c_k$

$$= 1.18 \times (18.5 - 10) \times 2 + 4.51 \times \frac{16.5 \times 1.2 + 8.5 \times 0.6}{1.8} \times 1.8 + 7.03 \times 5$$

$$= 20.06 + 112.3 + 35.15 = 167.5 \text{ kPa}$$

2.5　基础底面尺寸设计

基础底面尺寸设计包括基础底面的长度及宽度尺寸确定。其内容有选择基础类型、埋置深度，计算地基承载力特征值和作用在基础底面的荷载值，进行基础底面尺寸设计。

如前所述，直接支承基础的地基土层称为持力层，在持力层下面的各土层称为下卧层，若某下卧层承载力较持力层承载力低，则称为软弱下卧层。地基承载力的验算应进行持力层的验算和软弱下卧层的验算。

2.5.1　按持力层设计基底面积

按照实际荷载的不同组合，基础底面尺寸设计分为中心荷载作用与偏心荷载作用两种情况分别进行。

1. 中心受荷基础

如图 2-15 所示的单独基础，基础埋深为 d，承受作用于顶面且通过基础底面中心的竖向荷载 F，按地基持力层承载力计算基础底面积

$$p = \frac{F+G}{A} = \frac{F + \gamma_G A d}{A} \leqslant f_a \tag{2-9}$$

式中：p——相应于荷载效应标准组合时，基础底面处的平均压力值，kPa；

　　　F——相应于荷载效应标准组合时，上部结构传至基础地面处的竖向力，kN；

　　　G——基础及其台阶上回填土的重量，$G = \gamma_G A d$，kN；

　　　γ_G——基础及其台阶上回填土的平均重度，kN/m³，通常采用 $\gamma_G = 20 \text{ kN/m}^3$；

　　　A——基础底面积，m²；

　　　f_a——修正后的地基承载力特征值，kPa。

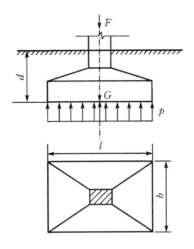

图 2-15　中心受荷基础

由式(2-9)可得基础底面积

$$A \geqslant \frac{F}{f_a - \gamma_G d} \qquad (2-10)$$

对矩形基础,按式(2-10)求出基础底面积后,适当选取基础底面的长宽比 l/b,一般取长宽比为 1.2~2.0,代入 $A = l \times b$ 即可。

对条形基础,取单位长度为 1 m 计算,则基础宽度为

$$b \geqslant \frac{F}{f_a - \gamma_G d} \qquad (2-11)$$

2. 偏心受荷基础

当作用在基底形心处的荷载不仅有竖向荷载,而且有力矩存在的情况,为偏心受压基础,如图 2-16 所示。基底压力计算除了满足式(2-9)以外,尚应符合下式要求

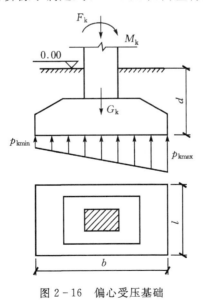

图 2-16　偏心受压基础

$$p_{kmax} \leqslant 1.2 f_a \tag{2-12}$$

式中：p_{kmax}——荷载效应标准组合时，按直线分布假设计算的基底边缘处的最大压力值；

f_a——修正后的地基承载力特征值。

对于单向偏心基础，当偏心矩 $e \leqslant l/6$ 时，基底最大（小）压力可按下式计算

$$p_{kmax \atop kmin} = \frac{F_k + G_k}{bl}\left(1 \pm \frac{6e}{b}\right) \tag{2-13}$$

或者

$$p_{kmax \atop kmin} = \frac{F_k + G_k}{bl} \pm \frac{M_k}{W} \tag{2-14}$$

如图 2-17 所示，当 $p_{kmin} < 0$，或 $e > b/6$ 时，p_{kmax} 计算式为

$$p_{kmax} = \frac{2(F_k + G_k)}{3la} \tag{2-15}$$

式中：l——垂直于偏心方向的基础边长；

W——基底偏心方向面积抵抗矩，m^3；

a——外荷载作用点至基底最大应力作用面的距离，m；

b——平行于偏心方向的基础边长；

M_k——相应于荷载效应标准组合时，基础所有荷载对基底形心的合力矩；

e——偏心距，$e = M_k/(F_k + G_k)$；

p_{kmin}——相应于荷载效应标准组合时，基底边缘处的最小压力值。

为了保证基础不致过分倾斜，通常要求 $e \leqslant b/6$ 或 $p_{kmin} > 0$。在中、高压缩性地基上或有吊车的厂房柱基础，$e \leqslant b/6$；对低压缩性地基上的基础，当考虑短暂作用的偏心荷载时，可放宽至 $p_{kmin} < 0$，但宜将偏心距控制在 $b/4$ 内。

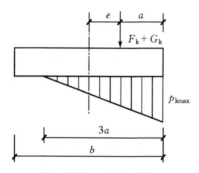

图 2-17 偏心荷载（$e > b/6$）基底压力计算

偏心荷载作用下，基础底面受力不均匀，需要加大基础底面尺寸，通常是根据轴心荷载作用下计算得到的基础底面积增大 10%～40%（考虑力矩作用）进行估算，再验算承载力，直到满足要求为止。试算法步骤如下：

①初步确定深度修正后的地基承载力特征值 f_a。

②根据荷载偏心情况，将按轴心荷载作用下基底面积增大 10%～40%，即

$$A = (1.1 \sim 1.4)\frac{F_k}{f_a - \gamma_G d} \tag{2-16}$$

③确定 b, l 的尺寸，常取 $l/b = n \leqslant 2$，有 $b = \sqrt{A/n}$，$l = nb$。

④考虑是否应对地基承载力进行宽度修正，如需要，在承载力修正后，重复步骤②，③，使所取宽度前后一致。

⑤计算偏心矩 e 和基底最大压力 p_{kmax}，并验算是否满足 $p_{kmax} \leqslant 1.2f_a$ 和 $e \leqslant l/6$ 的要求。

⑥若 b,l 取值不适当(太大或太小)，可调整尺寸再重复上述步骤进行验算，如此反复一两次，便可定出合适的尺寸。

【例 2-2】试确定下图所示的某框架柱下基础的底面积尺寸。

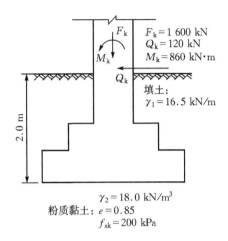

$$F_k = 1\ 600\ \text{kN}$$
$$Q_k = 120\ \text{kN}$$
$$M_k = 860\ \text{kN·m}$$

填土：$\gamma_1 = 16.5\ \text{kN/m}$

$\gamma_2 = 18.0\ \text{kN/m}^3$

粉质黏土：$e = 0.85$
$f_{ak} = 200\ \text{kPa}$

【解】1.估算基础底面积

深度修正后的持力层承载力特征值

$$f_a = f_{ak} + \eta_d \gamma_m (d - 0.5)$$
$$= 200 + 1.0 \times 16.5 \times (2 - 0.5)$$
$$= 200 + 24.75 = 224.75\ \text{kPa}$$

$$A = (1.1 \sim 1.4) \frac{F_k}{f_a - \gamma_G d} = (1.1 \sim 1.4) \frac{1600}{224.75 - 20 \times 2.0} = (9.5 \sim 12)\ \text{m}^2$$

由于力矩较大，底面尺寸可取大些，取 $b = 3.0\ \text{m}, l = 4.0\ \text{m}$。

2.计算基底压力

$$p_k = \frac{F_k}{bl} + \gamma_G d = \frac{1600}{3 \times 4} + 20 \times 2 = 173.3\ \text{kPa}$$

$$p_{kmax \atop kmin} = p_k \pm \frac{M_k + Q_k \cdot d}{W} = 173.3 \pm \frac{860 + 120 \times 2}{3 \times 4^2 / 6}$$

$$p_{kmax} = 310.8\ \text{kPa}, \quad p_{kmin} = 35.8\ \text{kPa}$$

3.验算持力层承载力

$$p_k = 173.3\ \text{kPa} < f_a = 224.8\ \text{kPa}$$

$p_{kmax} = 310.8\ \text{kPa} > 1.2f_a = 1.2 \times 224.8\ \text{kPa} = 269.8\ \text{kPa}$，不满足。

4.重新调整基底尺寸，再验算

取 $l = 4.5\ \text{m}$，有

$$p_k = \frac{1600}{3 \times 4.5} + 20 \times 2 = 158.5\ \text{kPa} < f_a = 224.8\ \text{kPa}$$

$$p_{kmax} = p_k + \frac{860 + 120 \times 2}{3 \times 4.5^2 / 6} = 158.5 + 108.6 = 267.1\ \text{kPa} < 1.2f_a = 269.8\ \text{kPa}$$

所以取 $b = 3.0\ \text{m}, l = 4.5\ \text{m}$，满足要求。

对于带壁柱的条形基础底面尺寸的确定,可取壁柱间距离 l 作为计算单元长度,如图 2-18 所示。通常壁柱基础宽度和条形基础宽度一样,均为 b;壁柱基础凸出部分长度 a 可按基础构造要求确定。条形基础宽度 b 可按下式试估,再验算地基承载力

$$b(l+a) = (1.1 \sim 1.4) \frac{F_k}{f_a - \gamma_G d} \tag{2-17}$$

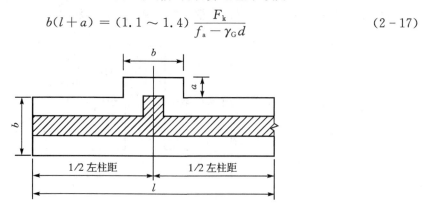

图 2-18　带壁柱墙基础计算单元

2.5.2　软弱下卧层验算

建筑场地土大多数是成层的,一般土层的强度随深度而增加,而外荷载引起的附加应力则随深度而减小,因此,只要基础底面持力层承载力满足设计要求即可。但是,也有不少情况,持力层不厚,在持力层以下受力层范围内存在软弱土层,其承载力很低,如我国沿海地区表层土较硬,在其下有很厚一层较软的淤泥、淤泥质土层。此时仅满足持力层的要求是不够的,还需验算软弱下卧层的强度,要求传递到软弱下卧层顶面处土体的附加应力与自重应力之和不超过软弱下卧层的承载力,即

$$P_z + P_{cz} \leqslant f_{az} \tag{2-18}$$

式中:P_z——相应于荷载效应标准组合时,软弱下卧层顶面处的附加应力值;

$\quad\quad P_{cz}$——软弱下卧层顶面处土的自重压力值;

$\quad\quad f_{az}$——软弱下卧层顶面处经深度修正后的地基承载力特征值。

根据弹性半空间体理论,下卧层顶面土体的附加应力在基础中轴线处最大,向四周扩散呈非线性分布,如果考虑上下层土的性质不同,应力分布规律就更为复杂。《建筑地基基础设计规范》(GB 50007—2002)通过试验研究并参照双层地基中附加应力分布的理论解答提出了以下简化方法:当持力层与下卧软弱土层的压缩模量比值 $E_{s1}/E_{s2} \geqslant 3$ 时,对矩形和条形基础,式(2-18)中 P_z 可按压力扩散角的概念计算,如图 2-19 所示。

假设基底处的附加压力($P_0 = P_k - P_c$)在持力层内往下传递时按某一角度 θ 向外扩散,且均匀分布于较大面积上。根据扩散前作用于基底平面处附加压力合力与扩散后作用于下卧层顶面处附加压力合力相等的条件,得到 P_z 的表达式如下

对于矩形基础

$$P_z = \frac{(P_k - P_c)l \cdot b}{(l + 2z\tan\theta)(b + 2z\tan\theta)} \tag{2-19}$$

对于条形基础

$$P_z = \frac{(P_k - P_c) \cdot b}{b + 2z\tan\theta} \tag{2-20}$$

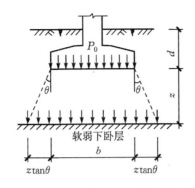

图 2-19　软弱下卧层顶面附加应力计算

式中：l,b——分别为基础的长度和宽度；

　　　P_c——基础底面处土的自重应力；

　　　z——基础底面到软弱下卧层顶面的距离；

　　　θ——压力扩散角，可按表 2-7 采用。

按双层地基中应力分布的概念，当上层土较硬、下层土软弱时，应力分布更将向四周扩散，也就是说持力层与下卧层的模量比 E_{s1}/E_{s2} 越大，应力扩散越快，θ 值越大。另外，按均质弹性体应力扩散的规律，荷载的扩散程度随深度的增加而增加，表 2-7 中的压力扩散角 θ 的大小就是根据这种规律确定的。

表 2-7　地基压力扩散角 θ

E_{s1}/E_{s2}	z/b	
	0.25	0.50
3	6°	23°
5	10°	25°
10	20°	30°

注：①E_{s1} 为上层土压缩模量，E_{s2} 为下层土压缩模量

　　②$z/b<0.25$ 时取 $\theta=0°$，必要时，宜由试验确定；$z/b>0.50$ 时 θ 值不变

【例 2-3】某单独基础在荷载效应标准组合时承受的竖向力值如下图所示。据持力层承载力已确定 $b \times l = 2.5\ \text{m} \times 3.2\ \text{m}$，试验算软弱下卧层的强度，如不满足可采取何种措施？

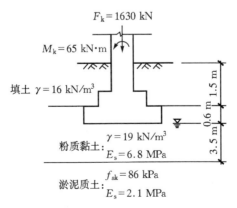

【解】1. 基底平均压力和平均附加压力

$$P_k = \frac{F_k}{A} + \gamma_G d = \frac{1630}{2.5 \times 3.2} + 20 \times 2.1 = 245.8 \text{ kPa}$$

$$P_{0k} = P_k - \gamma_m d = 245.8 - \frac{16 \times 1.5 + 19 \times 0.6}{2.1} \times 2.1 = 210.4 \text{ kPa}$$

2. 软弱下卧层承载力特征值

查表 2-5(承载力修正系数表),取承载力修正系数 $\eta_d = 1.0$,有

$$f_{az} = f_{ak} + \eta_d \gamma_m (d + z - 0.5)$$

$$= 86 + 1.0 \times \frac{16 \times 1.5 + 19 \times 0.6 + (19-10) \times 3.5}{5.6} (2.1 + 3.5 - 0.5)$$

$$= 86 + 1.0 \times \frac{66.9}{5.6} \times 5.1 = 146.9 \text{ kPa}$$

3. 软弱下卧层顶面处的压力

自重压力 $\quad P_{cz} = 16 \times 1.5 + 19 \times 0.6 + (19-10) \times 3.5 = 66.9 \text{ kPa}$

查表 2-7,取 $\theta = 23°$

$$P_z = \frac{P_{0k} l \cdot b}{(b + 2z\tan\theta)(l + 2z\tan\theta)} = \frac{210.4 \times 2.5 \times 3.2}{(2.5 + 2 \times 3.5\tan23°)(3.2 + 2 \times 3.5\tan23°)}$$

$$= \frac{1683.2}{5.47 \times 6.17} = 49.9 \text{ kPa}$$

$$P_z + P_{cz} = 49.9 + 66.9 = 116.8 \text{ kPa} < f_{az} = 146.9 \text{ kPa}(满足要求)$$

对软弱下卧层强度不满足的情况,在条件许可时可增加基础底面积以减小 P_{0k},从而减小 P_z;也可减小基础埋置深度 d,使 P_{0k} 扩散至软弱下卧层顶面处的面积加大,相应也减小 P_z 值。在某些情况下可能需要改变基础的类型。

2.6 地基变形验算

2.6.1 基本概念

地基基础设计中,除了保证地基的强度、稳定外,还需将地基的变形控制在允许的范围内,以保证上部结构不因地基变形过大而丧失使用功能。调查研究表明,很多工程事故是由地基基础的不恰当设计、施工及不合理的使用而导致的。在这些工程事故中,又以地基变形过大而超过了相应允许值引起的事故居多。因此,地基变形验算是地基基础设计中一项十分重要的内容。

根据地基复杂程度、建筑物规模和功能特征,以及由于地基问题可能造成建筑物破坏或影响正常使用的程度,将地基基础设计分为三个设计等级。

对于一般多层建筑,地基土质较均匀且较好时,按地基承载力控制设计基础,可以满足地基变形要求,不需要进行地基变形验算。但对于甲、乙级建筑物和荷载较大、土质不坚实的丙级建筑物,为了保证工程安全,除满足地基承载力要求外,还需进行地基变形验算。

2.6.2 变形验算的内容

在常规设计中,一般针对各类建筑物的结构特点、整体刚度和使用要求的不同,计算地基

变形的某一特征值,验证其是否超过相应的允许值[s],即要求满足下列条件

$$s \leqslant [s] \qquad (2-21)$$

式中:s——地基变形的某一特征变形值,其值的预估应以对应于荷载标准值时的基础底面处
的附加应力为基础、按土力学中的方法计算沉降量后求得,传至基础底面的荷载应
按长期效应组合,不应计入风荷载和地震作用;

[s]——相应的允许特征变形值,它是根据建筑物的结构特点、使用条件和地基土的类别
而确定的。

地基变形特征可分为沉降量、沉降差、倾斜和局部倾斜四种,见表 2-8。

①沉降量:独立基础或刚性特别大的基础中心的沉降量;

②沉降差:两相邻独立基础中心点沉降量之差;

③倾斜:独立基础在倾斜方向两端点的沉降差与其距离的比值;

④局部倾斜:砌体承重结构沿纵向 6～10 m 内基础两点的沉降差与其距离的比值。

表 2-8 基础沉降分类

地基变形指标	图 例	计算方法
沉降量	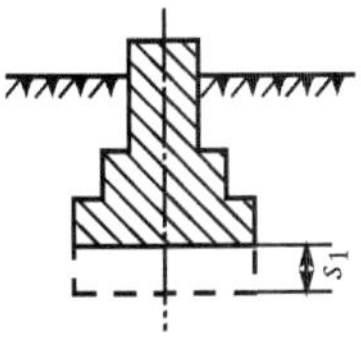	s_1 基础中点沉降值
沉降差	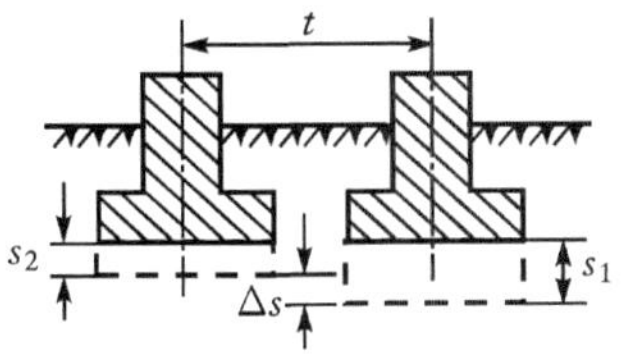	两相邻独立基础沉降值之差 $\Delta s = s_1 - s_2$
倾斜	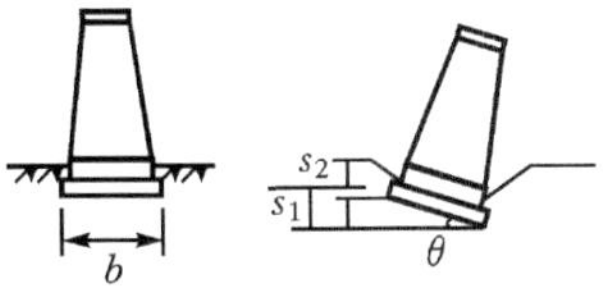	$\tan\theta = \dfrac{s_1 - s_2}{b}$
局部倾斜	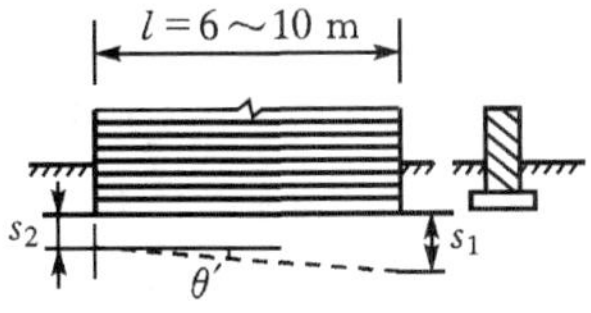	$\tan\theta' = \dfrac{s_1 - s_2}{l}$

《建筑地基基础设计规范》中给出了建筑物的地基变形允许值。地基的变形允许值对于不
同类型的建筑物、不同的建筑结构特点和使用要求、不同的上部结构对不均匀沉降的敏感程度
以及不同结构的安全储备要求而有所不同。

对于单层排架结构的柱基,应限制其沉降量,尤其是多跨排架中受荷较大的中排柱基的沉
降量,以免支承于其上的相邻屋架发生相对倾斜而使两端部相互碰撞。另外,柱基沉降量过
大,也易引起水、气管折断、雨水倒灌等不良现象,影响建筑物的使用功能。

对于框架结构和单层排架结构、砌体墙填充的边排架,设计计算应由沉降差来控制,并要求沉降量不宜过大。如果框架结构相邻两基础的沉降差过大,将引起结构中梁、柱产生较大的次应力,而在常规设计中,梁、柱的截面确定及配筋是不考虑这种应力影响的。对于有桥式吊车的厂房,如果沉降差过大,将使吊车梁倾斜(厂房纵向)或吊车桥倾斜(厂房横向),严重者会出现吊车卡轨,不能正常使用。

对于高耸结构物、高层建筑物,要控制的地基特征变形主要是整体倾斜。这类结构物的重心高,基础倾斜使重心移动引起的附加偏心矩,不仅使地基边缘压力增加而影响其抗倾覆稳定性,而且还会导致结构物本身的附加弯矩。另一方面,高层建筑物、高耸结构物的整体倾斜将引起人们视觉上的注意,造成心里恐慌,甚至心里压抑。意大利的比萨斜塔和我国的苏州虎丘塔就是因为过大的倾斜而不得不进行地基加固。如果地基土质均匀,且无相邻荷载的影响,对高耸结构,只要基础中心沉降量不超过允许值,便可不作倾斜验算。

对于砌体承重结构,房屋的损坏主要是由于墙体挠曲引起的局部弯曲而引起房屋外墙由拉应变形成的裂缝,故地基变形主要由局部倾斜控制。砌体承重结构对地基的不均匀沉降是很敏感的,其墙体极易产生呈45°左右的斜裂缝,如果中部沉降大,墙体正向挠曲,裂缝呈正八字形开展;反之,两端沉降大,墙体反向挠曲,裂缝呈反八字形开展。墙体在门窗洞口处刚度削弱,角隅应力集中,故裂缝首先在此处产生。

2.6.3　关于允许变形值

由于各类建筑物的结构特点和使用要求不同,对地基变形的反应敏感程度不同,因而验算的变形特征也各异,相应的允许值也不同。允许变形值涉及的因素很多,诸如建筑物的结构类型特点、使用要求、对不均匀沉降的敏感性及结构的安全储备,等等,很难用理论分析方法确定。所以,确定建筑物的地基变形控制指标,应紧密结合实际,参照当地的建筑经验,查阅有关资料,综合考虑各种因素的影响,才能得到比较合理的结果。

框架结构主要因柱基的不均匀沉降使构件受剪扭曲而损坏,通常认为填充墙框架结构的相邻柱基沉降差不超过 $0.002L$(L 为柱距)时,是安全的。A. W. 斯肯普顿曾得出敞开式框架结构柱基能经受大至 $1/150$(约 $0.007L$)的沉降差而不损坏的结论。

砌体承重结构的裂缝主要是由局部倾斜过大而引起的,根据一些实测资料,砖墙可见裂缝的临界拉应变约为 0.05%,墙体的相对挠曲(弯曲段的矢高与其长度之比)不易计算,一般不作为需要验算的地基特征变形。

有关文献指出,高层建筑横向倾斜允许值主要取决于人们视觉的敏感程度,倾斜值到达明显可见的程度时大致为 $1/250$,而结构损坏则大致当倾斜值达到 $1/150$ 时开始。考虑到倾斜允许值应随建筑物的高度增加而递减,《建筑地基基础设计规范》(GB 50007—2002)根据基础倾斜引起建筑物重心偏移使基底边缘压力增量不超过平均压力的 $1/40$ 这一条件,制定允许倾斜值$[\alpha]$的控制标准。

由于沉降计算方法误差较大,理论计算结果常和实际发生的沉降有出入,因此,对于重要的、新型的、体型复杂的房屋和结构物,或使用上对不均匀沉降有严格要求的结构,应在施工期间及使用期间进行系统的沉降变形观测。沉降观测结果也可用于验证设计计算的正确性,并籍以总结经验,完善设计理论。

在必要的情况下,需要分别预估建筑物在施工期间和使用期间的地基变形值,以便预留建筑物有关部分之间的净空,考虑连接方法和施工顺序,一般浅基础的建筑物在施工期间完成的沉降量:砂土可认为其最终沉降量已完成 80％以上,其他低压缩性土可认为已完成 50％～80％,高压缩性土可认为已完成 5％～20％。

2.7　刚性基础设计

2.7.1　设计原则

刚性基础具有抗压强度高而抗拉、抗剪强度低的特点,设计时必须使基础主要承受压应力,并保证基础内产生的拉应力和剪应力都不超过材料强度的设计值。

2.7.2　构造要求

1. 砖基础

砖基础采用的砖强度等级应不低于 MU10,砂浆强度等级不低于 M5,在地下水位以下或地基土潮湿时应采用水泥砂浆砌筑。基础底面以下一般先做 100 mm 厚的混凝土垫层,混凝土强度等级一般为 C10。砖基础的高度应符合砖的模数。在布置基础剖面时,大放脚的每皮宽度 b_2 和高度 h_2 值见表 2-9。

表 2-9　大放脚的每皮宽度 b_2 和高度 h_2 值　　　　单位:mm

宽度、高度	标准砖	八五砖	宽度、高度	标准砖	八五砖
$b_2 = h_2/2$	60	55	h_2	120	110

2. 浆砌毛石基础

毛石基础的材料采用未加工或仅稍做修整的未风化的硬质岩石,高度一般不小于 200 mm。当毛石形状不规则时,其高度应不小于 150 mm。毛石基础的每阶高度可取 400～600 mm,台阶伸出宽度不宜大于 200 mm。毛石基础的底面尺寸要求为:对条形基础,宽度不应小于 500 mm;对独立基础,底面尺寸不应小于 600 mm×600 mm。

3. 三合土基础

三合土基础由石灰、砂和骨料(矿渣、碎砖或碎石)加适量的水充分搅拌均匀后,铺在基槽内分层夯实而成。三合土的配合比(体积比)为 1∶2∶4 或 1∶3∶6,在基槽内每层虚铺 22 cm,夯实至 15 cm。三合土基础的高度不应小于 300 mm,宽度不应小于 700 mm。

4. 灰土基础

灰土基础由熟化后的石灰和黏土按比例拌和并夯实而成。常用的配合比(体积比)有 3∶7 和 2∶8,铺在基槽内分层夯实,每层虚铺 22～25 cm,夯实至 15 cm。其最小干密度要求为:粉土 15.5 kN/m³,粉质黏土 15.0 kN/m³,黏土 14.5 kN/m³。灰土基础的高度不应小于 300 mm,条形基础宽度不应小于 500 mm,独立基础底面尺寸不应小于 700 mm×700 mm。

5. 混凝土和毛石混凝土基础

混凝土和毛石混凝土基础一般用 C10 以上的素混凝土做成。毛石混凝土基础是在混凝土基础中埋入 25%～30%（体积比）未风化的毛石形成，用于砌筑的石块直径不宜大于 300 mm。混凝土基础的每阶高度不应小于 250 mm，一般为 300 mm。毛石混凝土基础的每阶高度不应小于 300 mm。

2.7.3 设计计算

进行刚性基础设计时先选择合适的基础埋置深度 d，并按构造要求初步选定基础高度 H，然后根据地基承载力初步确定基础宽度 b，再按下式进一步验算基础的宽度

$$b \leqslant b_0 + 2H\tan\alpha \qquad (2-22)$$

式中：b_0——基础顶面的砌体宽度，如图 2-20(a)和图 2-20(b)所示；

$\quad\quad H$——基础高度；

$\quad\quad \tan\alpha$——基础台阶宽高比的允许值，$\tan\alpha = \left[\dfrac{b_2}{H}\right]$，可按表 2-10 选用；

$\quad\quad b_2$——基础的外伸长度。

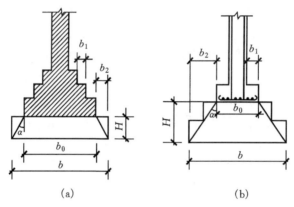

图 2-20 刚性基础构造

(a)墙下刚性基础；(b)柱下刚性基础

表 2-10 刚性基础台阶宽高比的允许值

基础材料	质量要求	台阶高宽比的允许值		
		$P_k \leqslant 100$	$100 < P_k \leqslant 200$	$200 < P_k \leqslant 300$
混凝土基础	C15 混凝土	1：1.00	1：1.00	1：1.25
毛石混凝土基础	C15 混凝土	1：1.00	1：1.25	1：1.50
砖基础	砖不低于 MU10、砂浆不低于 M5	1：1.50	1：1.50	1：1.50
毛石基础	砂浆不低于 M5	1：1.25	1：1.50	—
灰土基础	体积比为 3：7 或 2：8 的灰土，最小干密度：粉土为 1.55，粉质黏土为 1.50，黏土为 1.45	1：1.25	1：1.50	—
三合土基础	体积比为 1：2：4 或 1：3：6 每层虚铺 220 mm，夯至 150 mm	1：1.50	1：2.00	—

注：表中 P_k 为地基平均压力，kPa

如验算符合要求,则可采用原先选定的基础宽度和高度,否则应调整基础高度重新验算,直至满足要求为止。当基础由不同材料叠合而成时,应对叠合部分作抗压验算。

对混凝土基础,当基础底面平均压力超过 300 kPa 时,应按下式进行抗剪验算

$$V \leqslant 0.07 f_c A \tag{2-23}$$

式中:V——剪力设计值;

f_c——混凝土轴心抗压强度设计值,按《混凝土结构设计规范》采用;

A——台阶高度变化处的剪切断面面积。

【例 2-4】某砖混结构山墙基础,传到基础顶面的荷载 $F_k = 185$ kN/m,室内外高差为 0.45 m,墙厚 0.37 m,地质条件如图(a)所示,试设计条形基础。

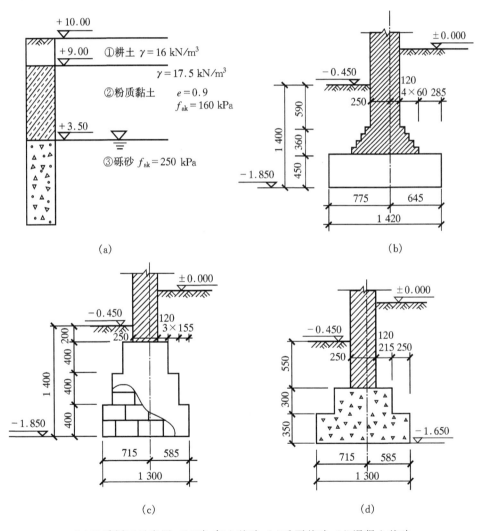

(a)地质剖面示意图;(b)砖-灰土基础;(c)毛石基础;(d)混凝土基础

【解】1.确定基础材料

考虑荷载不算大,土层分布均匀,先拟采用砖和 3:7 灰土叠合材料条形基础,结合表 2-10要求(基础用砖、石料及砂浆按最低强度等级),采用 MU10 的砖和 M5 水泥砂浆砌筑。

2. 确定基础埋深

粉质黏土厚 5.5 m,可作持力层,以天然地面作为室外设计地面,取基础埋深 $d=1.4$ m。

3. 计算地基持力层承载力特征值

查承载力修正系数表 2-5 得,$\eta_d=1.0,\eta_b=0$,有

$$f_a=f_{ak}+\eta_d\gamma_m(d-0.5)=160+1.0\times\frac{16\times1.0+17.5\times0.4}{1.4}\times(1.4-0.5)$$
$$=160+14.79=174.8 \text{ kPa}$$

4. 确定基础底面积

基础平均埋置深度 $d_m=(1.4+1.85)/2=1.63$ m,有

$$b\geqslant\frac{F_k}{f_a-\gamma_G d_m}=\frac{185}{174.8-20\times1.63}=1.30 \text{ m}$$

取 $b=1.30$ m。

5. 确定基础构造尺寸

采用 3:7 灰土,其上用砖放脚与墙体相连,根据基底压力

$$p_k=\frac{F_k}{b}+\gamma_G d_m=185/1.3+20\times1.63=174.9 \text{ kPa}$$

查刚性基础台阶宽高比的允许值表 2-10,可知灰土台阶宽高比允许值为 1:1.5,故:

灰土台阶宽度:$b_1\leqslant h_1/1.5=450/1.5=300$ mm;

计算砖台阶数:以基础半宽计,$n=(1300/2-370/2-300)/60=2.8$;

取砖台数 $n=3$,灰土台阶实际宽度取 $b_1=1300/2-370/2-3\times60=285$ mm。

6. 验算灰土强度

灰土和砖基接触面宽度:$b_0=1300-2\times285=730$ mm。

接触面压力

$$p'_k=\frac{F_k}{b_0}+\gamma_G d'=\frac{185}{0.73}+20\times(1.63-0.45)=277.0 \text{ kPa}>250 \text{ kPa} \quad (\text{不满足})$$

必须指出,当基础抗压强度低于墙或柱结构强度时,或者基础由不同材料叠合组成时,都需进行接触面上的抗压验算。对砖和灰土两种材料组成的叠合基础进行抗压验算时,灰土抗压强度值一般取 250 kPa。

7. 调整设计

将砖台阶数改为 $n=4$,基础底宽改为 $b=1300+120=1420$ mm,有

$$b_0=1420-2\times285=850 \text{ mm}$$

$$p'_k=\frac{185}{0.85}+20\times(1.63-0.45)=241.2 \text{ kPa}<250 \text{ kPa} \quad (\text{满足要求})$$

绘制基础剖面如(b)图所示。

建议还可将本例题设计为毛石基础或 C15 素混凝土基础,施工图如图(c),(d)所示,可以对比分析三种基础的经济性,在设计时选用最佳的设计方案。

2.8 独立基础设计

2.8.1 构造要求

柱下钢筋混凝土单独基础,除应满足墙下钢筋混凝土条形基础的一般要求外,还应满足如

下一些要求：

①矩形单独基础底面的长边与短边的比值 $l/b \leqslant 2$，一般取 $1 \sim 1.5$。

②阶梯形基础每阶高度一般为 $300 \sim 500$ mm。基础的阶数可根据基础总高度 H 设置，当 $H \leqslant 500$ mm 时，宜分为一级；当 500 mm $< H \leqslant 900$ mm 时，宜分为两级；当 $H > 900$ mm 时，宜分为三级。

③锥形基础的边缘高度，一般不宜小于 200 mm，也不宜大于 500 mm；锥形坡度角一般取 $25°$，最大不超过 $35°$；锥形基础的顶部每边宜沿柱边放出 50 mm。

④柱下钢筋混凝土单独基础的受力钢筋应双向配置。当基础边长大于 2.5 m 时，基础底板受力钢筋可缩短为 $0.9l'$ 交替布置，其中 l' 为基础底面边长。

⑤对于现浇柱基础，如基础与柱不同时浇注，则柱内的纵向钢筋可通过插筋锚入基础中，插筋的根数和直径应与柱内纵向钢筋相同。当基础高度 $H \leqslant 900$ mm 时，全部插筋伸至基底钢筋网上面，端部弯直钩；当基础高度 $H > 900$ mm 时，将柱截面四角的钢筋伸到基底钢筋网上面，端部弯直钩，其余钢筋按锚固长度确定，锚固长度 l_m 可按下列要求采用（d 为钢筋直径）：

a. 轴心受压及小偏心受压，$l_m \geqslant 15d$；

b. 大偏心受压，当柱混凝土不低于 C20 时，$l_m \geqslant 25d$。

插入基础的钢筋，上下至少应有两道箍筋固定。插筋与柱的纵向受力钢筋的搭接长度 l_d 可按表 2-11 采用。

表 2-11　插筋与柱的纵向受力钢筋绑扎搭接时的最小搭接长度 l_d

钢筋类型	受力情况		钢筋类型	受力情况	
	受拉	受压		受拉	受压
Ⅰ级钢筋	$30d$	$20d$	Ⅱ级钢筋	$35d$	$25d$

注：①位于受拉区的搭接长度不应小于 25 mm

②位于受压区的搭接不应于小 200 mm

③d 为钢筋直径

⑥预制钢筋混凝土柱与杯口基础的连接如图 2-21 所示，应符合下列要求。

a. 柱的插入深度可按《建筑地基基础设计规范》表 8.2.5-1 选用，同时应满足锚固长度的要求（一般为 20 倍纵向受力钢筋的直径）和吊装时柱的稳定性（不小于吊装时柱长的 0.05 倍）。

b. 基础的杯底厚度和杯壁厚度按《建筑地基基础设计规范》（表 8.2.5-2 及表 8.2.6）选用。

c. 当柱为轴心或小偏心受压且 $\dfrac{t}{h_2} \geqslant 0.65$ 时，或大偏心受压且 $\dfrac{t}{h_2} \geqslant 0.75$ 时，杯壁可不配筋。

当柱为轴心或小偏心且 $0.5 \leqslant \dfrac{t}{h_2} < 0.65$ 时，杯壁可按表 2-12 构造配筋。对于双杯口基础（如伸缩缝处的基础）两杯口之间的杯壁厚度 t 小于 400 mm 时，宜配构造钢筋。其他情况下应按计算配筋。

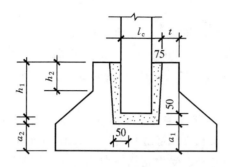

图 2-21　柱与杯口基础的连接

表 2-12　杯壁构造配筋

柱截面长边尺寸/mm	$h<1000$	$1000 \leqslant h<1500$	$1500 \leqslant h \leqslant 2000$
钢筋直径/mm	Φ8～Φ10	Φ10～Φ12	Φ12～Φ16

注:表中钢筋置于杯口顶部,每边两根

2.8.2　设计计算

独立基础的设计计算步骤如下:

①按地基承载力确定基底面积与尺寸;

②计算荷载设计值引起的地基净反力;

③确定基础的高度。

基础底面尺寸的确定参考前文,这里只介绍基础高度的确定。基础高度由柱边抗冲切破坏的要求确定。设计时可先假设一个基础高度 h,然后按下式验算抗冲切能力。

$$F_l \leqslant 0.7\beta_{hp} f_t a_m h_0 \qquad (2-24)$$

$$F_l = p_j A_l \qquad (2-25)$$

$$a_m = (a_t + a_b)/2 \qquad (2-26)$$

式中:F_l——相应于荷载效应基本组合时作用在 A_l 上的地基净反力设计值;

p_j——扣除基础自重及其上覆土重后相应于荷载效应基本组合时的地基土单位面积净反力,对偏心受压基础可取础底最大净反力设计值 p_{jmax},kPa,在轴心荷载下即等于基底平均净反力设计值;

A_l——考虑冲切荷载时取用的多边形面积,m²;

f_t——混凝土抗拉强度设计值,kPa;

β_{hp}——受冲切承载力截面高度系数,其值按《建筑地基基础设计规范》相应规定选取;

a_m, a_t, a_b——基础抗冲切验算需用到的尺寸,其值及 A_l 的值按《建筑地基基础设计规范》的说明计算。

当 $l \geqslant l_c + 2h_0$ 时,如图 2-22(b)情况,有

$$A_l = \left(\frac{b}{2} - \frac{b_c}{2} - h_0\right)l - \left(\frac{l}{2} - \frac{l_c}{2} - h_0\right)^2 \qquad (2-27)$$

当 $l < l_c + 2h_0$ 时,如图 2-22(c)的情况,有

$$A_l = \left(\frac{b}{2} - \frac{b_c}{2} - h_0\right)l \qquad (2-28)$$

式中：h_0——基础的有效高度，m。

当不满足式（2-24）的抗冲切能力验算要求时，可适当增加基础高度 h 后重新验算，直至满足要求为止。

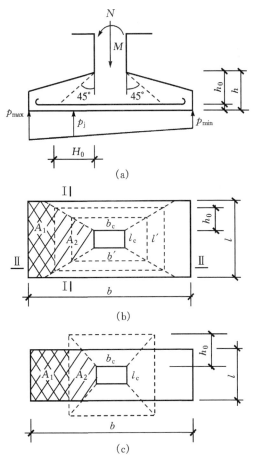

图 2-22　独立基础的抗冲切验算

（a）基础剖面；（b）$l \geqslant l_c + 2h_0$ 情况；（c）$l < l_c + 2h_0$ 情况

④内力计算和配筋。当台阶的宽高比不大于 2.5 且偏心距不大于 1/6 基础宽度 b 时，柱下单独基础在纵向和横向两个方向的任意截面 Ⅰ—Ⅰ 和 Ⅱ—Ⅱ 的弯矩可按下式计算

$$M_{\mathrm{I}} = \frac{1}{12}a_1^2\big[(2l+a')(p_{\max}+p-\frac{2G}{A}) + (p_{\max}-p)l\big] \tag{2-29}$$

$$M_{\mathrm{II}} = \frac{1}{48}(l-a')^2(2b+b')(p_{\max}+p_{\min}-\frac{2G}{A}) \tag{2-30}$$

式中 l'，b' 和 p_j 的意义如图 2-22 所示。

柱下单独基础的底板应在两个方向配置受力钢筋，设计控制截面是柱边或阶梯形基础的变阶处，将此时对应的参数值代入上式即可求出相应的控制弯矩值 M_{I} 和 M_{II}（单位：kN·m）。底板长边方向和短边方向的受力钢筋面积 $A_{s\mathrm{I}}$ 和 $A_{s\mathrm{II}}$（单位：m²）分别为

$$\begin{cases} A_{sI} = \dfrac{M_{I}}{0.9f_{y}h_{0}} \\[3mm] A_{s\mathbb{I}} = \dfrac{M_{\mathbb{I}}}{0.9f_{y}(h_{0}-d)} \end{cases} \qquad (2-31)$$

这里 d 为钢筋直径, h_0, d 均以 mm 计, 其余符号同前。

【例 2-5】某教学大楼柱下钢筋混凝土独立基础。已知相应于荷载效应基本组合时的柱荷载 $N = 2500$ kN, 柱截面尺寸为 1200 mm×1200 mm, 基础埋深 2.0 m, 假设经深宽修正后的地基承载力特征值 $f_a = 213$ kPa。采用 C20 混凝土, HPB235 级钢筋, 查得 $f_t = 1.10$ N/mm², $f_y = 210$ N/mm², 垫层采用 C10 混凝土。试设计此钢筋混凝土独立基础。

【解】1. 计算基础底面面积

$$A \geqslant \frac{N}{f_a - \gamma_G d} = \frac{2500}{213 - 20 \times 2} = 14.45 \text{ m}^2$$

采用正方形柱下独立基础, 取 $l = b = 3.8$ m。

2. 基础底板厚度确定

(1) 基底净反力 p_s

$$p_s = N/(l \times b) = 2500/(3.8 \times 3.8) = 173 \text{ kPa}$$

(2) 系数 C

$$C = \frac{b^2 - b_t^2}{1 + 0.7\beta_{hp}\dfrac{f_t}{p_s}} = \frac{3.80^2 - 1.20^2}{1 + 0.6 \times \dfrac{1100}{173}} = \frac{13}{1 + 3.82} = 2.70$$

(3) 基础有效高度 h_0

$$h_0 = \frac{1}{2}\left(-b_t + \sqrt{b_t^2 + C}\right) = \frac{1}{2}\left(-1.20 + \sqrt{1.20^2 + 2.70}\right) = 0.415 \text{ m} = 415 \text{ mm}$$

(4) 基础底板厚度 h'

$$h' = h_0 + 40 = 415 + 40 = 455 \text{ mm}$$

(5) 设计采用基础底板厚度 h

取 2 级台阶, 各厚 300 mm, 则

$$h = 2 \times 300 = 600 \text{ mm}$$

实际基础有效高度: $h_0 = h - 40 = 600 - 40 = 560$ mm。

3. 基础底板配筋计算

(1) 基础台阶宽高比 (如下图所示)

$$\frac{650}{300} = 2.17 < 2.5$$

(2) 柱与基础交界处的弯矩计算

因无偏心荷载, 取 $p = p_{max} = p_{min} = p_s$, 由式 (2-30) 计算得

$$M = \frac{1}{48}(l - a_t)^2 \left[(2b + b_t)\left(p_{max} + p_{min} - \frac{2G}{A}\right)\right]$$

$$= \frac{1}{48}(3.80 - 1.2)^2 \left[(2 \times 3.80 + 1.2) \times (2p_s - 2\gamma_G d)\right]$$

$$= \frac{1}{48} \times 2.6^2 \times 8.8 \times 2 \times (173 - 2 \times 20)$$

$$= 329.67 \text{ kN} \cdot \text{m}$$
$$= 329.67 \times 10^6 \text{ N} \cdot \text{mm}$$

(3)基础底板受力钢筋面积计算

$$A_s = \frac{M}{0.9 f_y h_0} = \frac{329.67 \times 10^6}{0.9 \times 560 \times 210} = 3166 \text{ mm}^2$$

(4)基础底板每 1 m 配筋面积

$$A_s' = A_s/b = 3166/3.80 = 818 \text{ mm}^2$$

采用 $\Phi 16@200$，实际上每 1 m 配筋面积为 1206 mm²，沿基础底面双向配筋，基础结构尺寸及底板配筋图如下图所示。

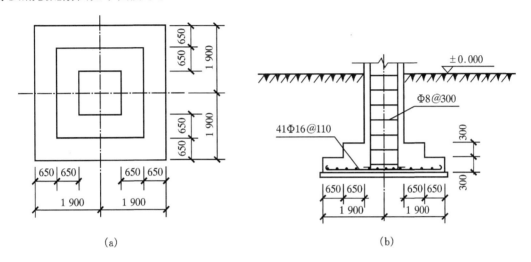

(a)平面图；(b)剖面图

2.9　墙下钢筋混凝土条形基础设计

2.9.1　设计原则

墙下钢筋混凝土条形基础的受力条件是平面应变，即破坏只发生在宽度方向，常常由于底板产生斜裂缝而破坏，因此基础内不配置箍筋和弯起筋。其底面宽度 b 应根据地基承载力要求确定。在确定基础底面尺寸或计算基础沉降时，应考虑设计底面以下基础及其上覆土重力的作用；而在进行基础截面设计（基础高度的确定、基础底板配筋）时，应采用不计基础与其上覆土重力作用的地基净反力计算。

2.9.2　构造要求

①梯形截面基础的边缘高度，一般不宜小于 200 mm；梯形坡度 $i \leqslant 1:3$。基础高度小于 250 mm 时，可做成等厚度板。

②基础下的垫层厚度，宜为 100 mm。

③底板受力钢筋的最小直径不宜小于 8 mm，间距不宜大于 200 mm 和小于 100 m。当有垫层时，混凝土的保护层净厚度不宜小于 35 mm，无垫层时不宜小于 70 mm。纵向分布筋，直

径 6～8 mm，间距 250～300 mm。

④混凝土强度等级不宜低于 C15。

⑤当地基软弱时，为了减小不均匀沉降的影响，基础截面可采用带肋梁的板，肋梁的纵向钢筋和箍筋按经验确定。

2.9.3 轴心荷载作用下的设计计算

1. 基础底面积 A

$$A \geqslant F_k/(f_a - \gamma_G d + \gamma_w h_w) \tag{2-32}$$

2. 基础高度 h

墙下条形基础的受力条件是平面应变，即破坏只发生在宽度方向，常常由于底板产生斜裂缝而破坏，因此基础内不配置箍筋和弯起筋，故基础高度由混凝土的受剪承载力确定

$$V = 0.7 f_t h_0 \tag{2-33}$$

式中：V——剪力设计值，$V = p_j b_1$。

$$h_0 \geqslant \frac{V}{0.7 f_t} \tag{2-34}$$

式中：b——基础宽度；

h_0——基础有效高度；

f_t——混凝土轴心抗拉强度设计值；

p_j——相应于荷载效应基本组合时的地基净反力值，$p_j = F/b$；

F——相应于荷载效应基本组合时上部结构传至基础顶面竖向力值；

b_1——基础悬臂部分计算截面挑出长度，如图 2-23 所示，当墙体材料为混凝土时，b_1 为基础边缘至墙脚的距离；当为砖墙且放脚不大于 1/4 砖长时，b_1 为基础边缘至墙脚距离再加上 0.06 m。

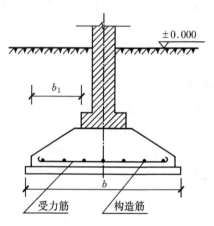

图 2-23 墙下钢筋混凝土条形基础

3. 基础底板配筋

悬臂根部的最大弯矩设计值 M（单位：N·mm）为

$$M = \frac{1}{2} p_j b_1^2 \tag{2-35}$$

基础每米受力钢筋截面面积

$$A_s = \frac{M}{0.9 f_y h_0} \qquad (2-36)$$

式中：A_s——钢筋面积，mm^2；

　　f_y——钢筋抗拉强度设计值，N/mm^2；

　　h_0——基础有效高度，mm，$0.9 h_0$ 为截面内力臂的近似值。

上述方法求得的钢筋面积是基础纵向按每延米计的横向受力钢筋的最小配筋面积，沿基础宽度方向设置，间距应小于或等于 200 mm，但不宜小于 100 mm。

2.9.4　偏心荷载作用下的设计计算

1.基础底面积 A

$$A = (1.1 \sim 1.4) \frac{F_k}{f_a - \gamma_G d} \qquad (2-37)$$

2.基础高度 h

$$V = \frac{1}{2}(p_{jmax} + p_j) b_1 \leqslant 0.7 f_t h_0 \qquad (2-38)$$

式中：p_{jmax}——在偏心荷载作用下，基础边缘处的最大净反力设计值，有

$$p_{jmax} = \frac{F}{b} + \frac{6M}{b^2} \quad 或 \quad p_{jmax} = \frac{F}{b}\left(1 + \frac{6e_0}{b}\right)$$

　　M——相应于荷载效应基本组合时作用于基础底面的力矩值；

　　e_0——荷载的净偏心矩，$e_0 = M/F$；

3.基础底板配筋

$$M = \frac{1}{6}(2 p_{jmax} + p_j) b_1^2 \quad 及 \quad A_s = \frac{M}{0.9 f_y h_0} \qquad (2-39)$$

【例 2-6】某多层住宅的承重砖墙厚 240 mm，作用于基础顶面的荷载 $F_k = 240$ kN/m，基础埋深 $d = 0.8$ m，经深度修正后的地基承载力特征值 $f_a = 150$ kPa，试设计钢筋混凝土条形基础。

【解】1.选择基础材料

拟采用混凝土为 C20，钢筋 HPB235 级，并设置 C10 厚 100 mm 的混凝土垫层，设一个砖砌的台阶，如图所示。

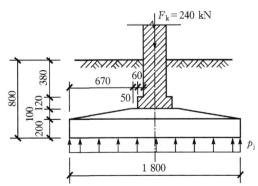

2.确定条形基础宽度

$$b \geqslant \frac{F_k}{f_a - \gamma_G d} = \frac{240}{150 - 20 \times 0.8} = 1.79 \text{ m}$$

取 $b = 1.8$ m。

3.确定基础高度

按经验 $h = b/8 = 180/8 = 23$ cm,取 $h = 30$ cm 则有

$$h_0 = 30 - 4 = 26 \text{ cm}$$

地基净反力

$$p_j = F/b = 1.35 \times 240/1.8 = 180 \text{ kN/m}$$

控制截面剪力

$$V = p_j b_1 = 180 \times (0.9 - 0.12) = 140.4 \text{ kN}$$

混凝土抗剪强度

$$V = 0.7 f_t h_0 = 200.2 \text{ kN} > V = 140.4 \text{ kN} \quad （满足要求）$$

4.计算底板配筋

控制截面弯矩

$$M = \frac{1}{2} p_j b_1^2 = \frac{1}{2} \times 180 \times (0.9 - 0.12)^2 = 54.8 \text{ kN} \cdot \text{m}$$

$$A_s = \frac{M}{0.9 f_y h_0} = \frac{34.6 \times 10^6}{0.9 \times 210 \times 260} = 1115 \text{ mm}^2$$

选 Φ12@100,实际配 $A_s = 1131$ mm²,分布筋选 Φ8@250。

2.10　地基计算模型及文克勒地基上梁的计算

如前所述的刚性及扩展基础,因建筑物较小,结构较简单,计算分析中将上部结构、基础和地基简单地分割成彼此独立的三个组成部分,分别进行设计和验算,三者之间仅满足静力平衡条件。这种设计方法称为常规设计,由此引起的误差一般不致于影响结构安全或增加工程造价,且计算分析简单,工程界易于接受。然而对于条形、筏形和箱形等规模较大、承受荷载多和上部结构较复杂的基础,上述简化分析,仅满足静力平衡条件而不考虑三者之间的相互作用,则常常引起较大误差。基础在地基平面上一个或两个方向的尺度与其竖向截面相比较大,一般可看成是地基上的受弯构件——梁或板。其挠曲特征、基底反力和截面内力分布都与地基、基础以及上部结构的相对刚度特征有关,故应从三者相互作用的角度出发,采用适当的方法进行设计。

2.10.1　文克勒地基上梁的分析

1.弹性地基上梁的挠曲微分方程及其解答

进行弹性地基上梁的分析,首先应选定地基模型,不论基于何种模型假设,也不论采用何种数学方法,都应满足以下两个基本条件:

①计算前后基础底面与地基不出现脱开现象,即地基与基础之间的变形协调条件;

②基础在外荷载和基底反力的作用下必须满足静力平衡。

根据这两个基本条件可以组列解答问题所需的方程式,然后结合必要的边界条件求解。但是,只有在简单的条件下才能获得其解析解。下面介绍文克勒地基上梁的解答。

(1)微分方程式

图 2-24 表示外荷作用下文克勒地基上等截面梁在位于梁主平面内的挠曲曲线及梁元素。梁底反力为 $p(\text{kPa})$,梁宽为 $b(\text{m})$,梁底反力沿长度方向的分布为 $pb(\text{kN/m})$,梁和地基的竖向位移为 ω,取微分段梁元素 dx,如图 2-24(b),其上作用分布荷载 q 和梁底反力 pb 及相邻截面作用的弯矩 M 和剪力 V,根据梁元素上竖向力的静力平衡条件可得

$$\frac{dV}{dx} = bp - q \tag{2-40}$$

又 $V = dM/dx$,故上式可写成

$$\frac{d^2M}{dx^2} = bp - q \tag{2-41}$$

再利用材料力学公式 $-EI(d^2\omega/dx^2) = M$,将该式连续对 x 取两次导数后,代入式(2-41)可得

$$EI\frac{d^4\omega}{dx^4} = -\frac{d^2M}{dx^2} = -bp + q \tag{2-42}$$

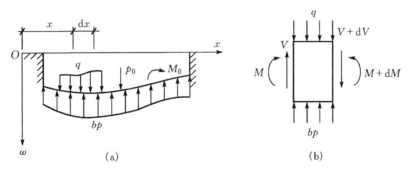

图 2-24　文克勒地基上梁的计算图式

(a)梁的挠曲曲线;(b)梁元素

根据文克勒假设,$p = ks$,并按接触条件,即梁全长的地基沉降应与梁的挠度相等,$s = \omega$,从而可得文克勒地基上梁的挠曲微分方程式为

$$EI\frac{d^4\omega}{dx^4} = -bk\omega + q \tag{2-43}$$

式中:k——基床系数,kN/m^3。

(2)微分方程解答

为了对式(2-43)求解,先考虑梁上无荷载部分,即 $q = 0$,并令 $\lambda = \sqrt[4]{bk/4EI}$,则式(2-43)可写为

$$\frac{d^4\omega}{dx^4} + 4\lambda^4\omega = 0 \tag{2-44}$$

上式为一常系数线性齐次方程,式中 λ 称为弹性地基梁的弹性特征,量纲为[长度$^{-1}$],它的倒数 $1/\lambda$ 称为特征长度。显然特征长度 $1/\lambda$ 愈大,梁相对愈刚,因此,λ 值是影响挠曲曲线形状的一个重要因素。其通解为

$$\omega = e^{\lambda x}(C_1\cos\lambda x + C_2\sin\lambda x) + e^{-\lambda x}(C_3\cos\lambda x + C_4\sin\lambda x) \tag{2-45}$$

根据 $d\omega/dx=V$，$-EI(d^2\omega/dx^2)=M$，$-EI(d^3\omega/dx^3)=V$，由式(2-45)可得梁的角变位 θ、弯矩 M 和剪力 V。式中待定的积分常数 C_1，C_2，C_3 和 C_4 的数值，在挠曲曲线及其各阶导数是连续的梁段中是不变的，可由荷载情况及边界条件确定。

2. 弹性地基上梁的计算

(1)集中荷载下的无限长梁

图 2-25(a)为一无限长梁受集中荷载 P_0 作用，P_0 的作用点为坐标原点 O，假定梁两侧对称，其边界条件为：

①当 $x\to\infty$ 时，$\omega=0$；

②当 $x=0$ 时，因荷载和地基反力关于原点对称，故该点挠曲线斜率为零，即 $d\omega/dx=0$；

③当 $x=0$ 时，在 O 点处紧靠 P_0 的右边，则作用于梁右半部截面上的剪力应等于地基总反力之半，并指向下方，即 $V=-EI(d^3\omega/dx^3)=-P_0/2$。

由边界条件①得：$C_1=C_2=0$。则对梁的右半部有

$$\omega = e^{-\lambda x}(C_3\cos\lambda x + C_4\sin\lambda x) \tag{2-46}$$

由边界条件②得：$C_3=C_4=C$，再根据边界条件③，可得 $C=P_0\lambda/2kb$，即

$$\omega = \frac{P_0\lambda}{2kb}e^{-\lambda x}(\cos\lambda x + \sin\lambda x) \tag{2-47}$$

再对式(2-47)分别求导可得梁的截面转角 $\theta=d\omega/dx$，弯矩 $M=-EI(d^2\omega/dx^2)$、剪力 $V=-EI(d^3\omega/dx^3)$ 和基底反力 $p=k\cdot\omega$，若令 $k=k\cdot b$ 为集中基床系数，则

$$\omega = \frac{P_0\lambda}{2k}e^{-\lambda x}(\cos\lambda x + \sin\lambda x) = \frac{P_0\lambda}{2k}A_x \tag{2-48a}$$

$$\theta = -\frac{P_0\lambda^2}{2k}e^{-\lambda x}\sin\lambda x = -\frac{P_0\lambda^2}{2k}B_x \tag{2-48b}$$

$$M = \frac{P_0}{4\lambda}e^{-\lambda x}(\cos\lambda x - \sin\lambda x) = \frac{P_0}{4\lambda}C_x \tag{2-48c}$$

$$V = -\frac{P_0}{2}e^{-\lambda x}\cos\lambda x = -\frac{P_0}{2}D_x \tag{2-48d}$$

$$p = \frac{P_0\lambda}{2b}e^{-\lambda x}(\cos\lambda x + \sin\lambda x) = \frac{P_0\lambda}{2b}A_x \tag{2-48e}$$

其中：

$$A_x = e^{-\lambda x}(\cos\lambda x + \sin\lambda x), B_x = e^{-\lambda x}\sin\lambda x$$
$$C_x = e^{-\lambda x}(\cos\lambda x - \sin\lambda x), D_x = e^{-\lambda x}\cos\lambda x \tag{2-49}$$

其中 A_x，B_x，C_x 和 D_x 均为 λx 的函数，其值可由 λx 计算或从有关设计手册中查取。而对于集中力作用点左半部分，根据对称条件，应用式(2-48)时，x 取距离的绝对值，梁的挠度 ω、弯矩 M 及基底反力 p 计算结果与梁的右半部分相同，即公式不变，但梁的转角 θ 与剪力 V 则取相反的符号。再根据式(2-48)可绘出 ω,θ,M,V 随 λx 的变化情况，如图 2-25(a)所示。

由式(2-48)可知，当 $x=0$ 时，$\omega=P_0\lambda/2k$；当 $x=2\pi/\lambda$ 时，$\omega=0.00187P_0\lambda/2k$。即梁的挠度随 x 的增加迅速衰减，在 $x=2\pi/\lambda$ 处的挠度仅为 $x=0$ 处挠度的 0.187%；在 $x=\pi/\lambda$ 处的挠度仅为 $x=0$ 处挠度的 4.3%，故当集中荷载的作用点离梁的两端距离 $x>\pi/\lambda$ 时，可近似按无限长梁计算，实用中将弹性地基梁分为以下三种类型：

①无限长梁:荷载作用点与梁两端的距离都大于 π/λ;

②半无限长梁:荷载作用点与梁一端的距离小于 π/λ,与另一端距离大于 π/λ。

③有限长梁:荷载作用点与梁两端的距离都小于 π/λ,梁的长度大于 $\pi/4\lambda$。当梁的长度小于 $\pi/4\lambda$ 时,梁的挠曲很小,可以忽略,称为刚性梁。

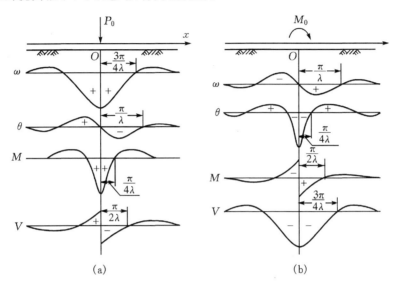

图 2-25　文克勒地基上无限长梁的挠度和内力

(a)集中力作用;(b)集中力偶作用

(2)集中力偶作用下的无限长梁

图 2-25(b)为一无限长梁受一个顺时针方向的集中力偶 M_0 作用,仍取集中力偶作用点为坐标原点 O,式(2-45)中的积分常数可由以下边界条件确定:

①当 $x \to \infty$ 时,$\omega = 0$;

②当 $x = 0$ 时,$\omega = 0$;

③当 $x = 0$ 时,在 O 点处紧靠 M_0 作用点的右侧,则作用于梁右半部截面上的弯矩为 $M_0/2$,即 $M = -EI(\mathrm{d}^2\omega/\mathrm{d}x^2) = M_0/2$。

同理,根据上述边界条件可得 $C_1 = C_2 = C_3 = 0, C_4 = M_0\lambda^2/k$。即

$$\omega = \frac{M_0\lambda^2}{k}\mathrm{e}^{-\lambda x}\sin\lambda x \qquad (2-50)$$

故

$$\omega = \frac{M_0\lambda^2}{k}\mathrm{e}^{-\lambda x}\sin\lambda x = \frac{M_0\lambda^2}{k}B_x \qquad (2-50\mathrm{a})$$

$$\theta = \frac{M_0\lambda^2}{k}\mathrm{e}^{-\lambda x}(\cos\lambda x - \sin\lambda x) = \frac{M_0\lambda^2}{k}C_x \qquad (2-50\mathrm{b})$$

$$M = \frac{M_0}{2}\mathrm{e}^{-\lambda x}\cos\lambda x = \frac{M_0}{2}D_x \qquad (2-50\mathrm{c})$$

$$V = -\frac{M_0\lambda}{2}\mathrm{e}^{-\lambda x}(\cos\lambda x + \sin\lambda x) = -\frac{M_0\lambda}{k}A_x \qquad (2-50\mathrm{d})$$

$$p = k\frac{M_0\lambda^2}{k}\mathrm{e}^{-\lambda x}\sin\lambda x = \frac{M_0\lambda^2}{b}B_x \qquad (2-50\mathrm{e})$$

其中系数 A_x,B_x,C_x,D_x 与式(2-49)相同。

对于集中力偶作用点的左半部分,根据反对称条件,用式(2-50)时,x 取绝对值,梁的转角 θ 与剪力 V 计算结果与梁的右半部分相同,但对梁的挠度 ω、弯矩 M 及基底反力 p 则取相反的符号。ω,θ,M,V 随 λx 的变化情况如图2-25(b)所示。

(3)集中力作用下的半无限长梁

如果一半无限长梁的一端受集中力 P_0 作用,如图2-26(a),另一端延至无穷远,若取坐标原点在 P_0 的作用点,则边界条件为:

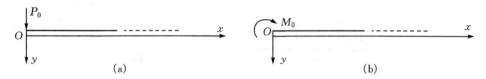

图2-26 半无限长梁
(a)受集中力作用;(b)受力偶作用

①当 $x\rightarrow\infty$ 时,$\omega=0$;

②当 $x=0$ 时,$M=-EI(\mathrm{d}^2\omega/\mathrm{d}x^2)=0$;

③当 $x=0$ 时,$V=-EI(\mathrm{d}^3\omega/\mathrm{d}x^3)=-P_0$;

由此可导得 $C_1=C_2=C_4=0$,$C_3=2P_0\lambda/k$。

将以上结果代回式(2-50),则梁的挠度 ω、转角 θ、弯矩 M 和剪力 V 为

$$\omega=\frac{2P_0\lambda}{k}D_x \qquad (2-51a)$$

$$\theta=-\frac{2P_0\lambda^2}{k}A_x \qquad (2-51b)$$

$$M=-\frac{P_0}{\lambda}B_x \qquad (2-51c)$$

$$V=-P_0C_x \qquad (2-51d)$$

(4)力偶作用下的半无限长梁

当一半无限长梁的一端受集中力偶 M_0 作用,如图2-26(b),另一端延伸至无穷远时,则边界条件为:

①当 $x\rightarrow\infty$ 时,$\omega=0$;

②当 $x=0$ 时,$M=-EI(\mathrm{d}^2\omega/\mathrm{d}x^2)=M_0$;

③当 $x=0$ 时,$V=0$。

同理可得式(2-51)中的积分常数为:$C_1=C_2=0$,$C_3=-C_4=-2M_0\lambda^2/k$。故此时梁的挠度 ω、转角 θ、弯矩 M 和剪力 V 的表达式为

$$\omega=-\frac{2M_0\lambda^2}{kb}C_x \qquad (2-52a)$$

$$\theta=-\frac{4M_0\lambda^3}{kb}D_x \qquad (2-52b)$$

$$M=M_0A_x \qquad (2-52c)$$

$$V = -2M_0\lambda B_x \qquad (2-52d)$$

（5）有限长梁

实际工程中,地基上的梁大多不能看成是无限长的。对于有限长梁,荷载对梁两端的影响尚未消失,即梁端的挠曲或位移不能忽略。对于有限长梁,确定积分常数的常用方法是"初始参数法",这里介绍一种以上面导出的无限长梁的计算公式为基础的方法,其利用叠加原理求得满足有限长梁两端边界条件的解答,从而避开了直接确定积分常数的繁琐,下面介绍其原理。

图 2-27 表示一长为 l 的弹性地基梁(梁Ⅰ)上作用有任意的已知荷载,其端点 A、B 均为自由端,设想将 A,B 两端向外无限延长形成无限长梁(梁Ⅱ),该无限长梁在已知荷载作用下在相应于 A,B 两截面产生的弯矩 M_a,M_b 和剪力 V_a,V_b。由于实际上梁Ⅰ的 A,B 两端是自由界面,不存在任何内力,为了要按长梁Ⅱ利用无限长梁公式以叠加法计算,而能得到相应于原有限长梁的解答,就必须设法消除发生在梁Ⅱ中 A,B 两截面的弯矩和剪力,以满足原来梁端的边界条件。为此,可在梁Ⅱ的 A,B 两点外侧分别加上一对集中荷载 M_A,P_A 和 M_B,P_B,并要求这两对附加荷载在 A,B 两载面中所产生的弯矩和剪力分别等于 $-M_a$,$-V_a$ 及 $-M_b$,

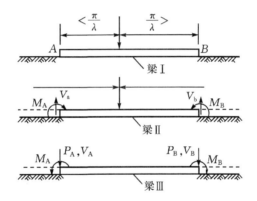

图 2-27　有限长梁内力、位移计算

$-V_b$,根据该条件利用式(2-51)和式(2-52)列出方程组如下

$$\frac{P_A}{4\lambda} + \frac{P_B}{4\lambda}C_l + \frac{M_A}{2} - \frac{M_B}{2}D_l = -M_a \qquad (2-53a)$$

$$-\frac{P_A}{2} + \frac{P_B}{2}D_l - \frac{\lambda M_A}{2} - \frac{\lambda M_B}{2}A_l = -V_a \qquad (2-53b)$$

$$\frac{P_A}{4\lambda}C_l + \frac{P_B}{4\lambda} + \frac{M_A}{2}D_l - \frac{M_B}{2} = -M_b \qquad (2-53c)$$

$$-\frac{P_A}{2}D_l + \frac{P_B}{2} - \frac{\lambda M_A}{2}A_l - \frac{\lambda M_B}{2} = -V_b \qquad (2-53d)$$

令

$$E_l = \frac{2e^{\lambda l}\,\mathrm{sh}\lambda l}{\mathrm{sh}^2\lambda l - \sin^2\lambda l}, \quad F_l = \frac{2e^{\lambda l}\sin\lambda l}{\sin^2\lambda l - \mathrm{sh}^2\lambda l}$$

解上列方程组得

$$
\left.\begin{aligned}
P_{\mathrm{A}} &= (E_l + F_l D_l)V_{\mathrm{a}} + \lambda(E_l - F_l A_l)M_{\mathrm{a}} - (F_l + E_l D_l)V_{\mathrm{b}} + \lambda(F_l - E_l A_l)M_{\mathrm{b}} \\
M_{\mathrm{A}} &= -(E_l + F_l C_l)\frac{V_{\mathrm{a}}}{2\lambda} - (E_l - F_l D)M_{\mathrm{a}} + (F_l + E_l C_l)\frac{V_{\mathrm{b}}}{2\lambda} - (F_l - E_l D_l)M_{\mathrm{b}} \\
P_{\mathrm{B}} &= (F_l + E_l D_l)V_{\mathrm{a}} + \lambda(F_l - E_l A_l)M_{\mathrm{a}} - (E_l + F_l D_l)V_{\mathrm{b}} + \lambda(E_l - F_l A_l)M_{\mathrm{b}} \\
M_{\mathrm{B}} &= (F_l + F_l C_l)\frac{V_{\mathrm{a}}}{2\lambda} + (F_l - E_l D_l)M_{\mathrm{a}} - (E_l + F_l C_l)\frac{V_{\mathrm{b}}}{2\lambda} + (E_l - F_l D_l)M_{\mathrm{b}}
\end{aligned}\right\} \quad (2-54)
$$

其中:sh 表示双曲线正弦函数。

原来的梁 Ⅰ 延伸为无限长梁 Ⅱ 之后，其 A,B 两截面处的连续性是靠内力 M_{a}，V_{a} 和 M_{b}，V_{b} 来维持，而附加荷载 M_{A}，P_{A} 和 M_{B}，P_{B} 的作用则正好抵消了这两对内力。其效果相当于把梁 Ⅱ 在 A 和 B 处切断而成为梁 Ⅰ。由于 M_{A}，P_{A} 和 M_{B}，P_{B} 是为了在梁 Ⅱ 上实现梁 Ⅰ 的边界条件所必需的附加荷载，所以叫做梁端边界条件力。

现将有限长梁 Ⅰ 上任意点 x 的 ω,θ,M 和 V 的计算步骤归纳如下：

①以叠加法计算已知荷载在梁 Ⅱ 上相应于梁 Ⅰ 两端的 A 和 B 截面引起的弯矩和剪力 $M_{\mathrm{a}},V_{\mathrm{a}},M_{\mathrm{b}}$ 和 V_{b}；

②按式(2-54)计算梁端边界条件力 M_{A}，P_{A} 和 M_{B}，P_{B}；

③再按叠加法计算在已知荷载和边界条件力的共同作用下，梁 Ⅱ 上相应于梁 Ⅰ 的 x 点处的 ω,θ,M 和 V 值。这就是所要求的结果。

(6)短梁

当梁的长度 $l \leqslant \pi/4\lambda$ 时，梁的相对刚度很大，其挠曲很小，可以忽略不计，称为短梁或刚性梁。这类梁发生位移时，是平面移动，一般假设基底反力按直线分布，可按静力平衡条件求得，其截面弯矩及剪力也可由静力平衡条件求得。

2.10.2 柱下钢筋混凝土条形基础设计

柱下条形基础是由一个方向延伸的基础梁或由两个方向的交叉基础梁所组成。条形基础可以沿柱列单向平行配置，也可以双向相交于柱位处形成交叉条形基础。条形基础的设计包括基础底面宽度的确定、基础长度的确定、基础高度及配筋计算，并使其满足一定的构造要求。

1. 柱下条形基础的构造要求

柱下条形基础的构造见图 2-28。其横截面一般做成倒 T 形，下部伸出部分称为翼板，中间部分称为肋梁。其构造要求如下：

①翼板厚度 h_{f} 不宜小于 200 mm，当 $h_{\mathrm{f}} = 200 \sim 250$ mm 时，翼板宜取等厚度；当 $h_{\mathrm{f}} > 250$ mm时，可做成坡度 $i \leqslant 1:3$ 的变厚翼板。当柱荷载较大时，可在柱位处加肢，如图 2-28 (c)所示，以提高梁的抗剪切能力。翼板的具体厚度尚应经计算确定。翼板宽度 b 应按地基承载力计算确定。

②肋梁高度 H_{0} 应由计算确定，初估截面时，宜取柱距的 $1/8 \sim 1/4$，肋宽 b_{0} 应由截面的抗剪条件确定，且应满足图 2-28(e)的要求。

③为了调整基础底面形心的位置，以及使各柱下弯矩与跨中弯跨均衡以利配筋，条形基础两端宜伸出柱边，其外伸悬臂长度 l_{0} 宜为边跨柱距的 $1/4 \sim 1/3$。

④条形基础肋梁的纵向受力钢筋应按计算确定，肋梁上部纵向钢筋应通长配置，下部的纵向钢筋至少应有 $2 \sim 4$ 根通长配置，且其面积不得少于底部纵向受力钢筋面积的 $1/3$。当肋梁

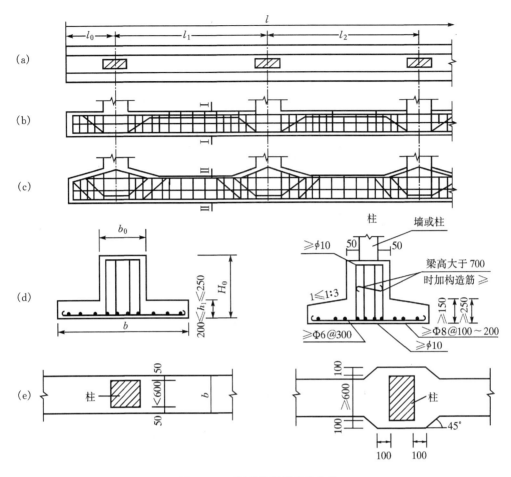

图 2-28　柱下条形基础的构造

(a)平面图;(b),(c)纵剖面图;(d)横剖面图;(e)现浇柱与条形基础梁交接处平面尺寸

的腹板高度大于等于 450 mm 时,应在梁的两侧沿高度配置直径大于 10 mm 纵向构造腰筋,每侧纵向构造腰筋(不包括梁上、下部受力架立钢筋)的截面面积不应小于梁腹板截面面积的 0.1%,其间距不宜大于 200 mm。肋梁中的箍筋应按计算确定,箍筋应做成封闭式。当肋梁宽度 b_0<350 mm 时,可用双肢箍;当 350 mm<b_0<800 mm 时,可用四肢箍;当 b_0>800 mm 时,可用六肢箍。箍筋直径 6~12 mm,间距 50~200 mm,在距柱中心线为 0.25~0.30 倍柱距范围内箍筋应加密布置。底板受力钢筋按计算确定,直径不宜小于 10 mm,间距为 100~200 mm。

⑤条形基础用混凝土强度等级不宜低于 C20,垫层为 C10,其厚度宜为 70~100 mm。

2.柱下条形基础的计算

(1)基础底面尺寸的确定

按上述构造要求确定基础长度 L,然后将基础视为刚性矩形基础,按地基承载力特征值确定基础底面宽度 b。在按构造要求确定基础长度 L 时,应尽量使其形心与基础所受外合力中心相重合,一般情况下,砖混结构条形基础按地基反力均匀分布进行设计,且在设计中假定"基底总面积的形心与基底总荷载合力的重心相重合",因此,不必考虑荷载偏心的影响,只需考虑力的竖向平衡。此时地基反力为均匀分布,见图2-29(a),基础宽度b可按式(2-11)确定。若基础底面形心与基础所受外合力重心不能相重合,即偏心受荷,如图2-29(b)所示,则基底反力沿长度方向呈梯形分布,基础宽度b除了满足式(2-16)外,还应按式(2-12)验算确定。

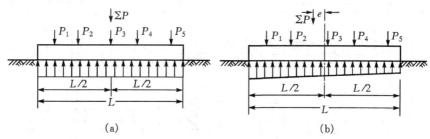

图2-29 简化计算法的基底反力分布

(a)中心受荷;(b)偏心受荷

(2)翼板的计算

翼板可视为悬臂加于肋梁两侧,按悬臂板考虑,若基础中心受荷,可按式(2-33)计算剪力,然后按斜截面的抗剪能力确定翼板厚度。由弯矩M计算条形基础翼板内的横向配筋。如果基础沿横向为偏心受荷,则沿梁长度方向单位长度内翼板根部的剪力V由式(2-38)确定,弯矩M由式(2-39)确定。

(3)基础梁纵向内力分析

①静定分析法。静定分析法是一种线性分析基底净反力的简化计算方法,其适用条件是要求基础具有足够的相对抗弯刚度。

该法假定基底反力呈线性分布,以此求得基底净反力p_jb,基础上所有的作用力都已确定,如图2-30所示,并按静力平衡条件计算出任意截面上的剪力V及弯矩M,由此绘制出沿基础长度方向的剪力图和弯矩图,依此进行肋梁的抗剪计算及配筋。

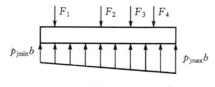

图2-30 静定分析法计算简图

静定分析法没有考虑基础与上部结构的相互作用,因而在荷载和直线分布的基底反力作用下产生整体弯曲。与其他方法比较,计算所得基础不利截面上的弯矩绝对值一般偏大。此法只宜用于上部为柔性结构、且基础自身刚度较大的条形基础以及联合基础。

②倒梁法。倒梁法认为上部结构是刚性的,各柱之间没有差异沉降,因而可把柱脚视为条形基础的支座,支座间不存在相对竖向位移,基础的挠曲变形不致改变地基压力,并假定基底净反力(p_jb,kN/m)呈线性分布,且除柱的竖向集中力外各种荷载作用(包括柱传来的力矩)均为已知,按倒置的普通连续梁计算梁的纵向内力,例如力矩分配法、力法、位移法等,见图2-31。

应该指出,该计算模型仅考虑了柱间基础的局部弯曲,而忽略了基础全长发生的整体弯曲,因而所得的柱位处截面的正弯矩与柱间最大负弯矩绝对值比其他方法计算结果均衡,所以

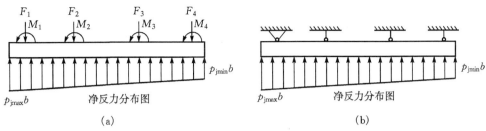

图 2-31　用倒梁法计算地基梁简图
(a)基底反力分布；(b)按连续梁求内力

基础不利截面的弯矩较小。

倒梁法求得的支座反力不等于原柱作用的竖向荷载，实践中常采用"基底反力局部调整法"进行修正，即是将支座处的不平衡力均匀分布在本支座两侧各 1/3 跨度范围内求解梁的内力，该内力与前面求得的内力进行叠加，如此反复多次，直到支座反力接近柱荷载为止。

考虑到按倒梁法计算时基础及上部结构的刚度都较好，由于存在上述分析的架越作用，基础两端部的基底反力会比按直线分布的反力有所增加。所以，两边跨的跨中和柱下截面受力钢筋宜在计算钢筋面积的基础上适当增加，一般可增加 15%～20%。由于计算模型不能较全面地反映基础的实际受力情况，设计时不仅允许而且应该做些调整。

③弹性地基上梁的方法。弹性地基上梁的方法是将条形基础视为地基上的梁，考虑基础与地基的相互作用，对梁进行解答。具体的计算方法很多，但基本上按两种途径：一种是考虑不同的地基模型的地基上梁的解法，如文克勒地基模型和弹性半空间地基模型等；另一种是寻求简化的方法求解，可做一些假设，建立解析关系，采用数值法(例如有限差分法、有限单元法)求解，也可对计算图式进行简化，例如链杆法等。

链杆法的基本思路是：将连续支承于地基上的梁简化为用有限个链杆支承于地基上的梁。即将无穷个支点的超静定问题转化为支承在若干个弹性支座上的连续梁，因而可用结构力学方法求解。链杆起联系基础与地基的作用，通过链杆传递竖向力。每根刚性链杆的作用力代表一段接触面积上地基反力的合力，由此将连续分布的地基反力简化为阶梯形分布的反力。为了保证简化的连续梁的稳定性，在梁的一端再加上一根水平链杆，如果梁上无水平力作用，该水平链杆的内力实际上等于零。只要求出各链杆内力，就可以求得地基反力以及梁的弯矩和剪力。

【例 2-7】某建筑物框架基础部分所受荷载如下图，柱截面尺寸为 500 mm，拟设计的基础混凝土强度等级采用 C30，垫层混凝土强度 C10、厚度为 100 mm，配筋用 HRB335 和 HPB235 级。根据场地地质资料，$f_a=240$ kN/m^2，$\gamma=19$ kN/m^3，属Ⅲ类场地，冻土层深度为 18 cm，试

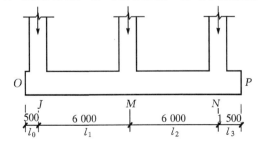

对框架部分的基础进行设计。(材料:C30 混凝土 $f_t = 1.43$ N/mm^2,HRB335 级钢筋,$f_y = 300$ N/mm^2,HPB235 级钢筋,$f_y = 210$ N/mm^2。)

【解】 由于轴力较大,宜采用柱下条形基础进行设计,基础埋置深度为 1.5 m。由条形基础的构造要求,初选柱下条形基础的高度为 900 mm,翼板取 300 mm,条型基础的两端端部应向外伸出,其伸出长度为第一跨跨度的 0.25~0.3,以增大基础的底面积,减小基底反力,并使基础梁内力分布更趋合理。

1.基础总长度的确定

$$l = 2 \times 6 + 1.5 + 0.5 = 14 \text{ m}$$

则基础的底面宽度为

$$b = \frac{\sum f}{l(f_a - \gamma d)} = \frac{2 \times 2540.63 + 3074.76}{14 \times (240 - 28.5)} = \frac{8156.02}{2961} = 2.75 \text{ m}$$

实际取 $b = 2.8$ m。

2.基础梁内力计算

沿纵向的地基净反力为

$$p_n = \frac{\sum f}{l} = \frac{2 \times 2540.63 + 3074.76}{14} = \frac{8156.02}{14} = 583.57 \text{ kN/m}$$

$$p'_n = \frac{\sum f}{l \times b} = \frac{2 \times 2540.63 + 3074.76}{14 \times 2.8} = 208.1 \text{ kN/m}$$

用弯矩分配法计算基础弯矩。各支座处的固端弯矩如下

$$M_j^L = 0.5 p_n l_0 = 0.5 \times 583.57 \times 0.5^2 = 73 \text{ kN·m}$$

$$M_j^R = \frac{1}{12} p_n l_1 = \frac{1}{12} \times 583.57 \times 6 \times 6 = 1750 \text{ kN·m}$$

$$M_m^L = \frac{1}{12} p_n l_1 = \frac{1}{12} \times 583.57 \times 6 \times 6 = 1750 \text{ kN·m}$$

$$M_m^R = \frac{1}{12} p_n l_2 = \frac{1}{12} \times 583.57 \times 6 \times 6 = 1750 \text{ kN·m}$$

$$M_n^L = \frac{1}{12} p_n l_2 = \frac{1}{12} \times 583.57 \times 6 \times 6 = 1750 \text{ kN·m}$$

$$M_n^R = 0.5 p_n l_3 = 0.5 \times 583.57 \times 1.5^2 = 656 \text{ kN·m}$$

弯矩分配过程见基础梁的弯矩分配过程图。由上列得到的基础梁的支座弯矩可以计算支座处的剪力。

3.基础剪力和弯矩的计算

J 支座左边的剪力为

$$V_j^L = p_n \times l_0 = 583.57 \times 0.5 = 291.8 \text{ kN}$$

取 OM 为脱离体,计算 J 截面的支座反力

$$R_J = \frac{1}{l_1}[0.5 p_n (l_0 + l_1)^2 - M_M]$$

$$= \frac{1}{6}[0.5 \times 583.57 \times 6.5 \times 6.5 - 2442.8]$$

$$= 1647 \text{ kN}$$

J 支座右边的剪力为
$$V_J^R = p_n \times l_0 - R_J = 583.57 \times 0.5 - 1647 = -1355 \text{ kN}$$

N 支座右端的剪力为
$$V_N^R = 583.57 \times 1.5 = 875.4 \text{ kN}$$

取 MP 为脱离体,计算 N 截面的支座反力
$$R_N = \frac{1}{l_3}[0.5 p_n (l_2 + l_3)^2 - M_M]$$
$$= \frac{1}{6}[0.5 \times 583.57 \times 7.5 \times 7.5 - 2442.8]$$
$$= 2328.3 \text{ kN}$$

N 支座左端的剪力为
$$V_N^L = -875.4 + 2329.3 = 1453.9 \text{ kN}$$

则 M 支座左端的剪力为
$$V_M^L = p_n(l_0 + l_1) - R_J = 2146.2 \text{ kN}$$

M 支座右端的剪力为
$$V_M^R = V_N^L - p_n \times l_2 = 1453.9 - 583.57 \times 6 = 2048.5 \text{ kN}$$

由以上数据可以画出基础梁的剪力图。

按跨中剪力为零的条件求跨中最大负弯矩。

JM 段:
$$p_n x - R_J = 583.57 x - 1647 = 0$$
$$x = 2.8 \text{ m}$$
$$M_1 = 0.5 p_n \times 2.8^2 - 1647 \times (2.8 - 0.5) = -1500.5 \text{ kN·m}$$

MN 段:
$$p_n x - R_N = 583.57 x - 2328.3 = 0$$
$$x = 4.0 \text{ m}$$
$$M_2 = 0.5 p_n \times 4.0^2 - 2328.3 \times (4.0 - 1.5) = -1152.2 \text{ kN·m}$$

底板的配筋,混凝土所能抵抗的剪力为
$$V = 0.7 f_t b h_0$$

由 $V_f < V$ 演算 h_{01} 和 h_{02} 的高度。

4. 截面配筋计算

初选柱下条形基础的边缘高度 $h_{01} = 300$ mm(满足构造 > 250 mm 要求),基础的中心高度 $h_{02} = 400$ mm,由于设计为锥形截面,则剪力计算截面的有效高度可简化为 $h_0 = (h_{01} + h_{02})/2 = 350$ mm,则

抗剪强度 $V = 0.7 f_t b h_0 = 0.7 \times 1.43 \times 1000 \times 350 = 350.4$ kN

最大剪力 $V_f = p_n' \times 1.1 = 208.1 \times 1.1 = 228.9$ kN $< V = 350.4$ kN(满足要求)

则选定的 $h_{01} = 300$ mm,$h_{02} = 400$ mm 合适。

配筋计算:
$$M_{1-1} = 0.5 p_n' \times l'^2 = 0.5 \times 208.1 \times 1.1^2 = 125.9 \text{ kN·m}$$

每米混凝土柱边方向钢筋截面配筋面积

$$A_s = \frac{M_{1-1}}{0.9 f_y h_0} = \frac{125.9 \times 10^6}{0.9 \times 300 \times 400 - 35} = 1277.5 \text{ mm}^2$$

选配 $D14@120$，$A_s = 1283.0 \text{ mm}^2$，纵向分布筋取 $\Phi8@200$。

基础梁的配筋，验算截面条件

$$0.25\beta_c f_c b h_0 = 0.25 \times 1.0 \times 14.3 \times 600 \times h_0' = 2146.2 \text{ kN} \quad (R_M^L = 2146.2 \text{ kN})$$

由以上计算得：

$$h_0' = 986.7 \text{ mm}，取 h_0 = 1000 \text{ mm}$$

基础梁的详细配筋计算见基础梁的配筋计算表，其中：$\xi_b = 0.55$，$\alpha_1 = 1.0$，$\beta_1 = 0.8$，$\alpha_s = 35 \text{ mm}$，$h_0 = 1000 \text{ mm}$，$b = 600 \text{ mm}$。

基础梁的配筋计算表

截面位置 各计算参数值 计算参数	M_J	$M_{JM中}$	$M_{MN中}$	M_N
$M/(\text{kN} \cdot \text{m})$	73.0	1500.5	2442.8	656.0
α_s	0.009	0.187	0.305	0.082
ξ	0.009	0.209	0.376	0.085
γ_s	0.995	0.895	0.811	0.957
A_s	253	3861	6175	1346
$b \times h_0$	579000	579000	579000	579000
选筋	$2D28$	$5D28$	$8D32$	$2D28$
ρ	0.2%	0.5%	1.1%	0.2%
ρ_{min}	0.22%	0.22%	0.22%	0.22%

确定腹筋数量。混凝土抵抗的剪力为

$$0.7 f_t b h_0 = 0.7 \times 1.43 \times 600 \times 1000 = 600.6 \text{ kN}$$

小于所有的支座处的剪力，所以均应该按计算配筋。

支座 J 处，用箍筋抵抗的部分有 $1355.0 - 600.6 = 754.4 \text{ kN}$，则

$$1.25 f_{yv} \frac{n A_{sv1}}{s} h_0 = 754.4$$

$$\frac{n A_{sv1}}{s} = 2.87$$

令 $n = 3$，选 $\Phi10@80$，则

$$\frac{3 \times 78.5}{80} = 2.9 > 2.87$$

支座 M 处，$2146.2 - 600.6 = 1545.6 \text{ kN}$，弯四根 $4D32$ 钢筋，则弯起筋抵抗剪力为

$$V_{sb} = 0.8 \times 3216 \times 300 \times 0.71 = 548.0 \text{ kN}$$

则还须用箍筋抵抗的剪力为

$$1545.6 - 548.0 = 997.6 \text{ kN}$$

则

$$1.25 f_{yv} \frac{n A_{sv1}}{s} h_0 = 997.6$$

$$\frac{n A_{sv1}}{s} = 3.8$$

令 $n=4$，选 $\Phi10@80$

$$\frac{4 \times 78.5}{80} = 3.9 > 3.8$$

故 M 处弯起 $4D32$，选 $\Phi10@80$ 的四肢箍筋。

支座 N 处箍筋同 J 支座处箍筋，选 $\Phi10@80$ 的三肢箍筋。

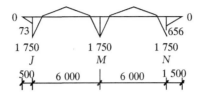

基础梁初始弯矩图

0	1		0.5	0.5		1	0
73	-1750		1750	-1750		1750	-656
	1677	1/2	838.5				
	-209.6	1/2	-419.2	-419.2	1/2	-209.6	
	209.6	1/2	104.8	-442.2	1/2	-884.4	
	84.4	1/2	168.8	168.8	1/2	84.4	
	-84.4	1/2	-42.2	-42.2	1/2	-84.4	
	21.1	1/2	42.2	42.2	1/2	21.1	
	-21.1	1/2	-10.6	-10.6	1/2	-21.1	
	5.3	1/2	10.6	10.6	1/2	5.3	
	-5.3	1/2	-2.6	-2.6	1/2	-5.3	
	1.3	1/2	2.6	2.6	1/2	1.3	
	-1.3	1/2	-0.64	-0.64	1/2	-1.3	
	-0.32	1/2	-0.64	-0.64	1/2	-0.32	
	0.32	1/2	0.16	0.16	1/2	0.32	
73	-73		2442.8	-2442.8		656	-656

基础梁弯矩分配过程图

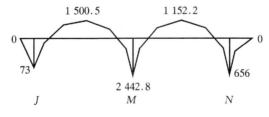

基础梁分配后弯矩图

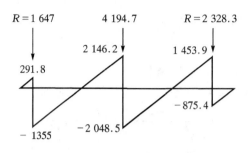

基础梁剪力图

2.10.3 柱下十字交叉条形基础设计

柱下十字交叉条形基础是由柱网下的纵横两组条形基础组成的一种空间结构,在基础交叉点处承受柱网传下的集中荷载和力矩。

十字交叉条形基础梁的计算较复杂,一般采用简化计算方法。通常把柱荷载分配到纵横两个方向的基础上,然后分别按单向条形基础进行内力计算。其计算主要是解决节点荷载分配问题,一般是按刚度分配或变形协调的原则,沿两个方向分配,下面简要讨论。节点荷载分配,不管采用什么方法,都必需满足两个条件。

1. 静力平衡条件

$$P_i = P_{ix} + P_{iy} \qquad (2-55)$$

式中:P_i——任一节点 i 上的集中荷载,kN;

P_{ix},P_{iy}——分别为节点 i 处分配于 x 和 y 方向基础上的集中荷载,kN。

2. 变形协调条件

按地基与基础共同作用的概念,则纵横基础梁在节点 i 处的竖向位移和转角应相同,且应与该处地基的变形相协调。简化计算方法假定交叉点处纵梁和横梁之间铰接,认为一个方向的条形基础有转角对另一个方向的条形基础不引起内力,节点上两个方向的力矩分别由对应的纵梁和横梁承担。这样,只要满足节点处的竖向位移协调条件即可,即

$$w_{ix} = w_{iy} \qquad (2-56)$$

式中:w_{ix},w_{iy}——分别为节点 i 处 x 和 y 方向条形基础的挠度。

当十字交叉节点间距较大,纵横两向间距相等且节点荷载差别又不太悬殊时,可不考虑相邻荷载的相互影响,使节点荷载的分配大大简化。可以把地基视为弹簧模型,并可以进一步近似地假定 w_x,w_y 分别仅由 P_x,P_y 引起,而与梁上其他荷载无关。于是根据式(2-56),可得

$$P_x \overline{w_x} = P_y \overline{w_y} \qquad (2-57)$$

式中:$\overline{w_x}$,$\overline{w_y}$——分别是单位力 $P_x = 1$ 和 $P_y = 1$ 引起横梁和纵梁在交叉点 i 处的竖向位移。

由式(2-55)和式(2-57)可解得

$$P_x = \frac{\overline{w_y}}{\overline{w_x} + \overline{w_y}} P \qquad (2-58)$$

$$P_y = \frac{\overline{w_x}}{\overline{w_x} + \overline{w_y}} P \qquad (2-59)$$

对边柱节点 C,在节点荷载 P 作用下,交叉条形基础可分解为 P_x 作用下的半无限长梁和

P_y 作用下的无限长梁。由文克勒(E. Winkler, 1867)地基梁微分方程的特解, 分别求得在 $P_x=1$ 和 $P_y=1$ 作用下节点的挠度

$$\overline{w_x} = \frac{2\lambda_x}{kb_x}, \qquad \overline{w_y} = \frac{\lambda_y}{2kb_y}$$

代入式(2-58)和式(2-59)得

$$\left.\begin{aligned} P_x &= \frac{b_x\lambda_y}{b_x\lambda_y + 4b_y\lambda_x}P \\ P_y &= \frac{4b_y\lambda_x}{4b_y\lambda_x + b_x\lambda_y}P \end{aligned}\right\} \tag{2-60}$$

式中: λ_x, λ_y ——x, y 方向梁的弹性特征系数, $\lambda_x = \sqrt[4]{\dfrac{kb_x}{4E_cI_x}}$, $\lambda_y = \sqrt[4]{\dfrac{kb_y}{4E_cI_y}}$;

k ——地基的基床系数(表 2-13), 表示产生单位变形所需的压力强度, kN/m^3;

E_c ——混凝土弹性模量, N/mm^2;

I_x, I_y ——x, y 方向梁的截面惯性矩, m^4;

b_x, b_y ——x, y 方向梁的截面宽度, m。

表 2-13　基床系数 k 值

土 的 名 称		状态	$k/(kN/m^3)$
天然地基	淤泥质土、有机质土或新填土		$(0.1\sim0.5)\times10^4$
	软弱黏性土		$(0.5\sim1.0)\times10^4$
	黏土、粉质黏土	软塑	$(1.0\sim2.0)\times10^4$
		可塑	$(2.0\sim4.0)\times10^4$
		硬塑	$(4.0\sim10.0)\times10^4$
	砂土	松散	$(1.0\sim1.5)\times10^4$
		中密	$(1.5\sim2.5)\times10^4$
		密实	$(2.5\sim4.0)\times10^4$
	砾石	中密	$(2.5\sim4.0)\times10^4$
	黄土及黄土类粉质黏土		$(4.0\sim5.0)\times10^4$
	紧密砾石		$(5\sim10)\times10^4$
	硬黏土		$(10\sim20)\times10^4$
	风化岩石、石灰岩、砂岩		$(20\sim100)\times10^4$
	完好的坚硬岩石		$(100\sim1500)\times10^4$

对中柱节点和角柱节点, 在节点荷载作用下, 用上述同样原理, 可按两个方向的无限长梁和两个半无限长梁进行计算, 仍由变形协调条件和静力平衡条件, 可得交叉条形基础中, 中柱节点和角柱节点处两个方向梁所分配的荷载

$$\left.\begin{aligned} P_x &= \frac{b_x\lambda_y}{b_x\lambda_y + b_y\lambda_x}P \\ P_y &= \frac{b_y\lambda_x}{b_y\lambda_x + b_x\lambda_y}P \end{aligned}\right\} \tag{2-61}$$

十字交叉条形基础各节点的荷载按上述方法分配到两组梁上后, 即可按前述柱下单向条

形基础进行内力分析了。实际上,十字交叉条形基础的两组梁在节点处应是刚接的,节点处任一方向梁的弯曲都将引起另一方向梁的扭转。以上简化计算方法没有考虑,因此在设计时应注意基础截面中扭矩的存在,并适当配置抗扭箍筋。

2.11 筏板基础设计

当上部结构荷载过大,采用柱下交梁基础不能满足地基承载力要求或虽能满足要求,但基底间净距很小,或需加强基础刚度时,可考虑采用筏形基础,即将柱下交梁式基础基底下所有的底板连在一起,形成筏形基础(亦称筏片基础、满堂或满堂红基础),见图 2-32。它既可用于墙下,也可用于柱下。当建筑物开间尺寸不大,或柱网尺寸较小,以及对基础的刚度要求不很高时,为便于施工,可将其做成一块等厚度的钢筋混凝土平板,即平板式筏形基础,板上若带有梁,则称为梁板式或肋梁式筏形基础。筏形基础自身刚度较大,可有效地调整建筑物的不均匀沉降,特别是结合地下室,对提高地基承载力极为有利。

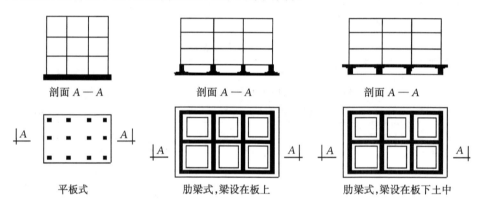

剖面 $A-A$ 剖面 $A-A$ 剖面 $A-A$

平板式 肋梁式,梁设在板上 肋梁式,梁设在板下土中

图 2-32 筏板式基础示意图

2.11.1 筏板基础的结构和构造

筏板基础的选型应根据工程地质和水文地质条件、上部结构体系、柱距、荷载大小以及施工条件等因素综合确定;其平面尺寸,应根据地基土的承载能力、上部结构的布置及荷载分布等因素按计算确定;在上部结构荷载和基础自重的共同作用下,按正常使用极限状态下的荷载效应标准组合时,基底压力平均值 p_k 及基底边缘的最大压力值 p_{kmax} 和修正后的地基持力层承载力特征值 f_a 之间应满足:

非地震区轴心荷载作用时

$$p_k \leqslant f_a \tag{2-62}$$

偏心荷载作用时,除符合式(2-62)外,尚应满足

$$p_{kmax} \leqslant 1.2 f_a \tag{2-63}$$

在地震区,p_k 及 p_{kmax} 应为考虑地震效应组合后的基底压力平均值和基底边缘最大压力值,要求满足

$$p_k \leqslant f_{sE} \tag{2-64}$$

$$p_{kmax} \leqslant 1.2 f_{sE} \tag{2-65}$$

式中：$f_{sE} = \zeta_s f_a$——经修正、调整后的地基土抗震承载力特征值，kPa；

ζ_s——地基土抗震承载力调整系数，应用时，按现行《建筑抗震设计规范》中的有关规定采用。

式(2-62)～(2-65)中的基底压力可按直线分布时的简化公式计算，同时还必须满足下卧层土体承载力及地基变形的要求。平面布置时，应尽量使筏形基础底面形心与结构竖向永久荷载合力作用点重合，若偏心距较大，可通过调整筏板基础外伸悬挑跨度的办法进行调整。不同的边缘部位，采用不同的悬挑跨度，尽量使其偏心效应最小；对单幢建筑物，当地基土比较均匀时，在荷载效应准永久组合下，偏心距 e 宜符合下式要求

$$e \leqslant 0.1W/A \tag{2-66}$$

式中：W——与偏心距方向一致的基础底面边缘抵抗矩，m^3；

A——基础底面面积，m^2。

2.11.2　筏板基础内力计算

工程中，经常采用简化方法近似进行筏基内力计算，即认为基础是绝对刚性，基底反力呈直线分布，并按静力学方法计算基底反力。如果上部结构和基础刚度足够大，这种假设可认为是合理的，因此可采用前述柱下板带、柱上板带及单向、双向多跨连续板的计算方法。若柱网布置比较均匀，相邻柱荷载相差不大，可沿轴向、柱列向分别将基础底板划分成若干个计算板带，以相邻柱间的中心线作为板带间的界线，各自按独立的条形基础计算内力，忽略板带间剪应力的影响，计算方法可大为简化。对柱下肋梁式筏板基础，如果框架柱网在两个方向的尺寸比小于 2，且柱网内无小基础梁时，可将筏形基础视为一倒置的楼盖，以地基净反力作为外荷载，筏板按双向多跨连续板、肋梁按多跨连续梁计算内力。若柱网内有小基础梁，把底板分割成边比大于 2 的矩形格板时，底板可按单向板计算，主、次肋仍按连续梁计算，即所谓"倒楼盖"法。否则，应按弹性地基上的梁板进行内力分析。

1. 倒楼盖法

如前所述，倒楼盖法是将筏板基础视为一放置在地基上的楼盖，柱或墙视为该楼盖的支座，地基净反力为作用在该楼盖上的外荷载，按混凝土结构中的单向或双向梁板的肋梁楼盖方法进行内力计算。在基础工程中，对框架结构中的筏板基础，常将纵、横方向的梁设置成相等的截面高度和宽度，在节点处，由于纵、横方向的基础梁交叉，柱的竖向荷载需要在纵、横方向分配，求得柱荷载在纵、横两个方向的分配值，肋梁就可分别按两个方向上的条形基础计算了。

2. 弹性地基上板的简化计算

如果柱网及荷载分布都比较均匀一致（变化不超过 20%），当筏板基础的柱距小于 1.75λ（λ 为基础梁的柔度指数）或筏板基础上支撑着刚性的上部结构（如上部结构为剪力墙）时，可认为此时的筏板基础是刚性的，其内力及基底反力可按前述倒楼盖法计算。否则，筏基的刚度较弱，属于柔性基础，应按弹性地基上的梁板进行分析。若此时柱网及荷载分布仍比较均匀，可将筏板基础划分成相互垂直的条状板带，板带宽度即为相邻柱中心线间的距离，按前述文克勒弹性地基梁的办法计算。若柱距相差过大，荷载分布不均匀，则应按弹性地基上的板理论进行内力分析。

3. 筏板基础结构承载力计算

按前述方法计算出筏板基础的内力后,还需按现行《混凝土结构设计规范》中的有关规定计算基础梁的弯、剪及冲切承载力;同时还应满足规范中有关的构造要求。基础的底板斜截面受剪承载力应符合下式要求

$$V_s \leqslant 0.7\beta_{hs} f_t (l_{n2} - 2h_0)h_0 \qquad (2-67)$$

$$\beta_{hs} = (800/h_0)^{\frac{1}{4}} \qquad (2-68)$$

式中:V_s——距梁边缘 h_0 处,作用在图 2-33 中阴影部分面积上的地基土平均净反力设计值,N;

f_t——混凝土轴心抗拉强度设计值,N/mm²;

h_0——底板的有效高度,mm;

l_{n2}——计算板格的长边净长度,mm;

β_{hs}——受剪承载力截面高度影响系数,当按公式(2-68)计算时,板的有效高度 h_0 小于 800 mm,h_0 取 800 mm;h_0 大于 2000 mm,h_0 取 2000 mm。

当筏基底板厚度变化时,尚应验算变厚度处筏板的受剪承载力。

底板受冲切承载力按下式计算

$$F_l \leqslant 0.7\beta_{hp} f_t \mu h_0 \qquad (2-69)$$

式中:F_l——作用在图 2-34 中阴影部分面积上的地基土平均净反力设计值,N;

β_{hp}——受冲切承载力截面高度影响系数,当 h 不大于 800 mm 时,β_{hp} 取 1.0,当 h 大于等于 2000 mm 时,β_{hp} 取 0.9,其间按线性内插法取用;

μ——距基础梁边 $h_0/2$ 处冲切临界截面的周长,mm,见图 2-34。

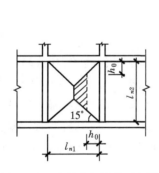 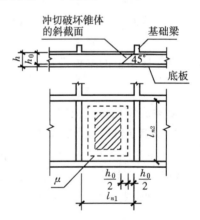

图 2-33　底板剪切计算示意图　　　　图 2-34　底板冲切计算示意图

当底板区格为矩形双向板时,底板受冲切所需厚度 h_0 按下式计算

$$h_0 = \frac{(l_{n1} + l_{n2}) - \sqrt{(l_{n1} + l_{n2})^2 - \dfrac{4pl_{n1}l_{n2}}{p + 0.7\beta_{hp}f_t}}}{4} \qquad (2-70)$$

式中:l_{n1},l_{n2}——计算板格的短边、长边净长度,mm;

p——相应于荷载效应基本组合的地基土平均净反力设计值,Pa。

高层建筑平板式筏形基础的板厚按受冲切承载力的要求计算时,应考虑作用在冲切临界截面重心上的不平衡弯矩产生的附加剪力。距柱边 $h_0/2$ 处冲切临界截面的最大剪应力 $\tau_{\max}$ 应按公式(2-71)计算,且应满足式(2-72)要求,板的最小厚度不应小于 400 mm。

$$\tau_{\max} = F_l/\mu h_0 + \alpha_s M_{\mathrm{unb}} c_{\mathrm{AB}}/I_s \qquad (2-71)$$

$$\tau_{\max} \leqslant 0.7(0.4 + 1.2/\beta_s)\beta_{\mathrm{hp}} f_t \qquad (2-72)$$

式中:F_l——相应于荷载效应基本组合时的集中力设计值,N;对内柱,取轴力设计值减去筏板冲切破坏锥体内的地基反力设计值;对边柱和角柱,取轴力设计值减去筏板冲切临界截面范围内的地基反力设计值,地基反力值应扣除底板的自重;

M_{unb}——作用在冲切临界截面重心上的不平衡弯矩设计值,见图 2-35,按下式计算

$$M_{\mathrm{unb}} = N \cdot e_N - P \cdot e_P \pm M_c \qquad (2-73)$$

β_s——柱截面长、短边的比值,当 $\beta_s < 2$ 时,β_s 取 2,当 $\beta_s > 4$ 时,β_s 取 4;

N——柱根部柱轴力设计值,N;

M_c——柱根部弯矩设计值,N·mm;

P——冲切临界截面范围内基底压力设计值,N;

e_N——柱根部轴向力 N 到冲切临界截面的距离,mm;

e_P——冲切临界截面范围内基底压力设计值之和对冲切临界截面重心的偏心距,mm;对内柱,由于对称的缘故,$e_N = e_P = 0$ 所以,$M_{\mathrm{unb}} = M_c$;

α_s——不平衡弯矩通过冲切临界截面上的偏心剪力来传递的分配系数,按式(2-74)计算

$$\alpha_s = 1 - 1\Big/\Big(1 + \frac{2}{3}\sqrt{c_1/c_2}\Big) \qquad (2-74)$$

c_1——与弯矩作用方向一致的冲切临界截面的边长,mm;

c_2——垂直于 c_1 的冲切临界截面边长,mm;

μ——距柱边 $h_0/2$ 处冲切临界截面的周长,mm;

h_0——筏板的有效高度,mm;

c_{AB}——沿弯矩作用方向,冲切临界截面重心至冲切临界截面最大剪应力点的距离,mm;

I_s——冲切临界截面对其重心的极惯性矩,mm^4;

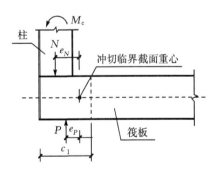

图 2-35 边柱 M_{unb} 计算示意图

冲切临界截面的周长 μ 以及冲切临界截面对其重心的极惯性矩 I_s 等,应根据柱所处位置的不同,分别进行计算。内柱应按下式计算,如图 2-36

$$\mu = 2c_1 + 2c_2$$

$$I_s = c_1 h_0^3/6 + c_1^3 h_0/6 + c_2 h_0 c_1^2/2$$

$$c_1 = h_c + h_0, \quad c_2 = b_c + h_0, \quad c_{AB} = c_1/2$$

h_c——与弯矩作用方向一致的柱截面边长,mm;

b_c——垂直于 h_c 的柱截面边长,mm;

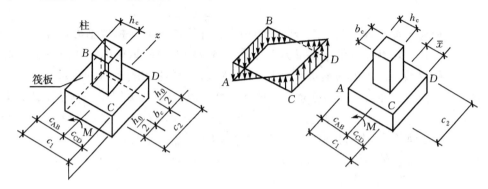

图 2 - 36　内柱冲切临界截面

边柱应按下式计算,如图 2 - 37

$$\mu = 2c_1 + c_2$$

$$c_1 = h_c + h_0/2$$

$$I_s = c_1 h_0^3/6 + c_1^3 h_0/6 + 2c_1 h_0 (c_1/2 - \overline{x})^2 + c_2 h_0 \overline{x}^2$$

$$c_2 = b_c + h_0$$

$$c_{AB} = c_1 - \overline{x}$$

$$\overline{x} = c_1^2/2c_1 + c_2$$

式中: $\overline{x}$——冲切临界截面中心位置。

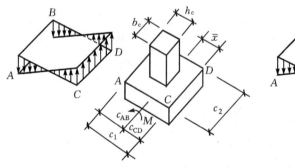

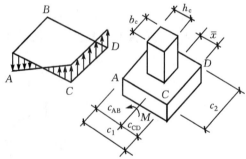

图 2 - 37　边柱冲切临界截面　　　　　图 2 - 38　角柱冲切临界截面

角柱按下式计算,如图 2 - 38

$$\mu = c_1 + c_2$$

$$I_s = c_1 h_0^3/6 + c_1^3 h_0/12 + c_1 h_0 (c_1/2 - \overline{x})^2 + c_2 h_0 \overline{x}^2$$

$$c_1 = h_c + h_0/2$$

$$c_2 = b_c + h_0/2$$

$$c_{AB} = c_1 - \overline{x}$$
$$\overline{x} = c_1^2 / 2c_1 + 2c_2$$

当柱荷载较大,等厚度筏板的抗冲切承载力不能满足要求时,可在筏板上面增设柱墩或在筏板下局部增加板厚或采用抗冲切箍筋来提高抗冲切承载能力。

高层建筑在楼梯、电梯间大都设有内筒,采用平板式筏基时,内筒下的板厚也应满足抗冲切承载力的要求,见图 2-39,其抗冲切承载力按下式计算

$$F_l / \mu h_0 \leqslant 0.7\beta_{hp}f_t / \eta \qquad (2-75)$$

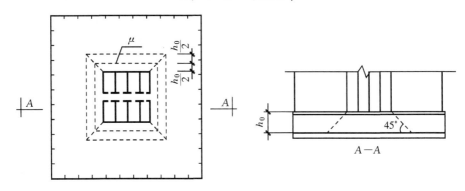

图 2-39　筏板受内筒冲切的临界截面位置

式中:F_l——相应于荷载效应基本组合时的内筒所承受的轴力设计值减去筏板破坏锥体内的地基反力设计值,N;地基反力值应扣除板自重;

　　μ——距内筒外表面 $h_0/2$ 处冲切临界截面周长,mm;

　　h_0——距内筒外表面 $h_0/2$ 处筏板的截面有效高度,mm;

　　η——内筒冲切临界截面周长影响系数,取 1.25。

当需要考虑内筒根部弯矩影响时,距内筒外表面 $h_0/2$ 处冲切临界截面的最大剪应力可按式(2-76)计算

$$\tau_{max} \leqslant 0.7\beta_{hp}f_t / \eta \qquad (2-76)$$

平板式筏板基础除满足受冲切承载力外,尚需验算距内筒边缘或柱边缘 h_0 处的筏板受剪承载力。受剪承载力按式(2-77)验算

$$V_s \leqslant 0.7\beta_{hs}f_t b_w h_0 \qquad (2-77)$$

式中:V_s——荷载效应基本组合下,地基土净反力平均值产生的距内筒或柱边缘 h_0 处筏板单位宽度的剪力设计值,N;

　　b_w——筏板计算截面单位宽度,mm;

　　h_0——距内筒或柱边缘 h_0 处筏板截面的有效高度,mm。

2.12　箱形基础设计

随着建筑物高度的增加、荷载的增大,为满足基础刚度要求,往往需要很大的筏板厚度,此时,仍采用筏形基础,并不经济合理,故可考虑采用如图 2-40 所示空心的空间受力体系——箱形基础。箱形基础是由顶板、底板、内墙、外墙等组成的一种空间整体结构,由钢筋混凝土整

浇而成,空间部分可结合建筑物的使用功能设计成地下室、地下车库或地下设备层等,具有很大的刚度和整体性,能有效地调整基础的不均匀沉降。由于它具有较大的埋深,土体对其具有良好的嵌固与补偿作用,因而具有较好的抗震性和补偿性,是目前高层建筑中经常采用的基础类型之一。

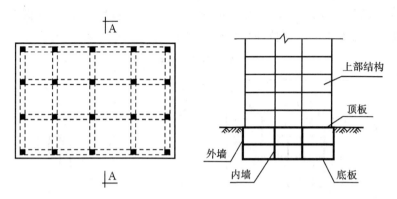

图 2-40 箱形基础组成示意图

2.12.1 箱形基础的构造

箱形基础的平面尺寸应根据地基承载力和上部结构的布局及荷载分布等条件综合确定。与筏基一样,平面上应尽量使箱基底面形心与结构竖向永久荷载合力作用点重合。当偏心距较大时,可通过调整箱基底板外伸悬挑跨度的办法进行调整,不同的边缘部位,采用不同的悬挑跨度,尽量使其偏心效应最小。对单幢建筑物,当地基土比较均匀时,在荷载效应准永久组合下,其偏心距不宜大于基础底面抵抗矩和基础底面面积之比的1/10。箱形基础的高度应满足结构强度、刚度和使用要求,一般取建筑物高度的1/12~1/8。在抗震设防地区,除岩石地基外,其埋深不宜小于建筑物高度的1/15,且不宜小于箱形基础长度的1/18(不包括悬挑部分长度),同时基础高度要满足地下室的使用要求,净高不应小于 2.2 m(箱基高度指箱基底板底面到顶板顶面的外包尺寸)。箱形基础的外墙应沿建筑物四周布置,内墙宜按上部结构柱网尺寸和剪力墙位置纵横交叉布置。一般每平方米基础面积上墙体长度不小于 400 mm 或墙体水平截面面积不小于基础面积的1/10(不包括底板悬挑部分面积),同时纵墙配置量不少于墙体总配置量的3/5。箱基的墙体厚度应根据实际受力情况确定,外墙不应小于 250 mm,常用 250~400 mm;内墙不宜小于 200 mm,常用 200~300 mm。墙体一般采用双向、双层配筋,无论竖向、横向,配筋均不宜小于 ϕ10@200;除上部结构为剪力墙外,箱形基础墙顶部均宜配置两根以上不小于 ϕ20 的通长构造钢筋。箱形基础中尽量少开洞口,必须开设洞口时,门洞应设在柱间居中位置,洞边至柱中心的距离不宜小于 1.2 m,洞口上过梁的高度不宜小于层高的1/5,洞口面积不宜大于柱距与箱形基础全高乘积的1/6,墙体洞口周围按计算置加强钢筋。洞口四周附加钢筋面积不应小于洞口内被切断钢筋面积的一半,且不少于两根直径为 16 mm 的钢筋,此钢筋应从洞口边缘外延 40 倍钢筋直径的距离。单层箱基洞口上、下过梁的受剪面积验算公式和过梁截面顶、底部纵向钢筋配置的弯矩设计值计算公式,详见《高层建筑箱形与筏形基础技术规范》(JGJ 6—99)。

底层柱主筋应伸入箱形基础一定的深度;三面或四面与箱形基础墙相连的内柱,除四角钢筋直通基底外,其余钢筋伸入顶板底面以下的长度,不小于其直径的 35 倍;外柱、与剪力墙相连的柱以及其他内柱主筋应直通到板底。

2.12.2　地基反力计算

箱形基础的底面尺寸应按持力层土体承载力计算确定,并应进行软弱下卧层承载力验算,同时还应满足地基变形要求。验算时,除了符合前述的筏形基础土体承载力要求外,还应满足 $p_{kmin} \geqslant 0$。p_{kmin} 为荷载效应标准组合时基底边缘的最小压力值或考虑地震效应组合后基底边缘的最小压力值。计算地基变形时,仍采用线性变形体条件下的分层总和法,简称规范法,但其中的 Ψ_s 应为箱基的沉降经验系数。事实上,箱形基础的基底反力分布受诸多因素影响,如土的性质、上部结构的刚度、基础刚度、形状、埋深及相邻荷载等,精确分析十分困难。

2.12.3　箱形基础内力分析

在上部结构荷载和基底反力共同作用下,箱形基础整体上是一个多次超静定体系,产生整体弯曲和局部弯曲。若上部结构为剪力墙体系,箱基的墙体与剪力墙直接相连,可认为箱基的抗弯刚度为无穷大,此时顶、底板犹如一支撑在不动支座上的受弯构件,仅产生局部弯曲,而不产生整体弯曲,故只需计算顶、底板的局部弯曲效应。顶板按实际荷载,底板按均布的基底净反力计算。底板的受力犹如一倒置的楼盖,一般设计成双向肋梁板或双向平板,根据板边界实际支撑条件按弹性理论的双向板计算。考虑到整体弯曲的影响,配置钢筋时除符合计算要求外,纵、横向支座尚应分别有 0.15% 和 0.10% 的钢筋连通配置,跨中钢筋全部连通。当上部结构为框架体系时,上部结构刚度较弱,基础的整体弯曲效应增大,箱形基础内力分析应同时考虑整体弯曲与局部弯曲的共同作用。整体弯曲计算时,为简化起见,工程上常将箱形基础当作一空心截面梁,按照截面面积、截面惯性矩不变的原则,将其等效成工字形截面,以一个阶梯形变化的基底压力和上部结构传下来的集中力作为外荷载,用静力分析或其他有效的方法计算任一截面的弯矩和剪力,基底反力值可按前述基底反力系数法确定。由于上部结构共同工作,上部结构刚度对基础的受力有一定的调整、分担,基础的实际弯矩值要比计算值小,因此,应将计算的弯矩值按上部结构刚度的大小进行调整。1953 年,梅耶霍夫(Meyerhof)首次提出了框架结构等效抗弯刚度的计算式,后经修正,列入我国《高层建筑箱形基础设计与施工规程》中,对于图 2-41 所示的框架结构,等效抗弯刚度的计算公式为

$$E_b I_b = \sum_1^n \left[E_b I_{bi} \left(1 + \frac{K_{ui} + K_{Li}}{2K_{bi} + K_{ui} + K_{Li}} m^2 \right) \right] + E_w I_w \tag{2-78}$$

式中:$E_b I_b$——上部结构总折算刚度;

$\quad E_b$——梁、柱混凝土弹性模量,kPa;

$\quad I_{bi}$——第 i 层梁的截面惯性矩,m^4;

$\quad I_{ui}, I_{Li}, I_{bi}$——第 i 层上柱、下柱和梁的惯性矩,m^4,

$\quad K_{ui}, K_{Li}, K_{bi}$——第 i 层上柱、下柱和梁的线刚度,其值分别为 $I_{ui}/h_{ui}, I_{Li}/h_{Li}, I_{bi}/h_{bi}$,$m^3$;

$\quad L, l$——上部结构弯曲方向的总长度和柱距,m;

$\quad m$——在弯曲方向的节间数;

$\quad h_{ui}, h_{Li}, h_{bi}$——第 i 层上柱、下柱和梁的高度,m;

$\quad E_w$——在弯曲方向与箱形基础相连的连续钢筋混凝土墙混凝土的弹性模量,kPa;

$\quad I_w$——在弯曲方向与箱形基础相连的连续钢筋混凝土墙的惯性矩,m^4,其值为 $I_w =$

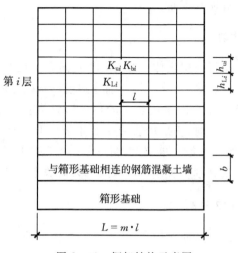

图 2-41　框架结构示意图

$bh^3/12$；

　b,h——分别为墙体的厚度和高度,m。

　　有了上部结构的等效刚度后,就可按下式对箱形基础考虑上部结构共同作用时所承担的整体弯矩进行折算

$$M_{\mathrm{F}} = M(E_{\mathrm{F}}I_{\mathrm{F}})/(E_{\mathrm{F}}I_{\mathrm{F}} + E_{\mathrm{b}}I_{\mathrm{b}}) \qquad (2-79)$$

式中:M——不考虑上部结构共同作用时箱形基础的整体弯矩,kN·m,按前述的静定分析法或其他有效方法计算;

　　M_{F}——考虑上部结构共同作用时箱形基础的整体弯矩,kN·m;

　　E_{F}——箱形基础混凝土的弹性模量,kPa;

　　I_{F}——箱形基础按工字形截面计算的惯性矩,m⁴,工字形截面的上、下翼缘宽度分别为箱形基础的全宽,腹板厚度为在弯曲方向墙体厚度的总和。

　　在整体弯曲作用下,箱基的顶、底板可看成是工字形截面的上、下翼缘。靠翼缘的拉、压形成的力矩与荷载效应相抗衡,其拉力或压力等于箱基所承受的整体弯矩除以箱基的高度;由于箱基的顶、底板多为双层、双向配筋,所以按混凝土结构中的拉、压构件计算出顶板或底板整体弯曲时所需的钢筋用量应除以2,均匀地配置在顶板或底板的上层和下层,即可满足整体受弯的要求;在局部弯曲作用下,顶、底板犹如一个支撑在箱基内墙上、承受横向力的双向或单向多跨连续板,顶板在实际的使用荷载及自重、底板在基底压力扣除底板自重后的均布荷载(即地基净反力)作用下,按弹性理论的双向或单向多跨连续板可求出局部弯曲作用时的弯矩值;由于整体弯曲的影响,局部弯曲时计算的弯矩值应乘以0.8的折减系数后才可用于计算顶、底板的配筋量。算出的配筋量与前述整体弯曲配筋量叠加,即得顶、底板的最终配筋量。配置时,应综合考虑承受整体弯曲和局部弯曲钢筋的位置,以充分发挥钢筋的作用。

2.12.4　结构强度计算

　　箱形基础的顶、底板除了满足正截面的抗弯要求外,还需要满足抗剪及抗冲切要求,对于顶板在剪力作用下,斜截面抗剪应满足

$$V \leqslant 0.7bf_t h_0 \qquad (2-80)$$

式中：V——顶板剪力设计值，N；

　　b——计算所取板宽，mm；

　　f_t——混凝土抗拉强度设计值，N/mm²；

　　h_0——顶板的有效高度，mm；

　　箱形基础底板还应满足受冲切承载的要求，具体内容可参见相关资料。

　　箱形基础纵墙墙身截面的剪力计算时，一般可将箱形基础当做一根在外荷和基底反力共同作用下的静定梁，用力学的方法求得各截面的总剪力 V_j 后，按下式将其分配至各道纵墙上，即

$$\overline{V}_{ij} = \frac{V_j}{2}\left(\frac{b_i}{\sum b_i} + \frac{N_{ij}}{\sum N_{ij}}\right) \qquad (2-81)$$

$\overline{V}_{ij}$ 为第 i 道纵墙 j 支座所分得的剪力值，将该剪力值分配至支座的左右截面后得

$$V_{ij} = \overline{V}_{ij} - p(A_1 + A_2) \qquad (2-82)$$

式中：V_{ij}——在第 i 道纵墙 j 支座处的截面左右处的剪力设计值，kN；

　　b_i——第 i 道纵墙宽度，m；

　　$\sum b_i$——各道纵墙宽度总和，m；

　　N_{ij}——第 i 道纵墙 j 支座处柱竖向荷载设计值，kN；

　　$\sum N_{ij}$——横向同一柱列中各柱的竖向荷载设计值之和，kN；

　　A_1, A_2——求 V_{ij} 时底板局部面积，m²。

2.13　减轻建筑物不均匀沉降危害的措施

　　当建筑物的不均匀沉降过大时，将使建筑物开裂损坏并影响其使用，甚至倒塌，危及人民生命及财产的安全。

　　减轻建筑物不均匀沉降通常的办法有：

　　①为了减少总沉降量，采用桩基础或其他深基础；

　　②对地基进行处理，以提高原地基的承载力和压缩模量；

　　③在建筑、结构和施工上采取措施。

　　总之，采取措施一方面可减少建筑物的总沉降量，相应也就减少其不均匀沉降；另一方面则可增强上部结构对沉降和不均匀沉降的适应能力。

2.13.1　建筑措施

1. 建筑物的体型力求简单

　　建筑平面简单、高度一致的建筑物，基底应力较均匀，圈梁容易拉通，整体刚度好，即使沉降较大，建筑物也不易产生裂缝和损坏。

　　建筑物体型（平面及剖面）复杂，不但会削弱建筑物的整体刚度，而且会使房屋构件中的应力状态复杂化。例如，平面为"L"，"T"，"Ⅱ"，"山"等形状的建筑物在纵横单元相交处，基础密集、地基应力叠加，沉降往往大于其他部位。又因构件受力复杂，建筑物容易因不均匀沉降而

产生裂损。

2. 增强结构的整体刚度

①建筑物的长度与高度的比值称为长高比,长高比是衡量建筑物结构刚度的一个指标。长高比越大,整体刚度就越差,抵抗弯曲和调整不均匀沉降的能力就越差。

②应合理布置纵、横墙,这也是增强砖石混合结构房屋整体刚度的重要措施。

3. 设置沉降缝

用沉降缝将建筑物从屋面到基础分割成若干个独立的刚度较好的沉降单元,使得建筑物的平面变得简单、长高比减小,从而可有效地减轻地基的不均匀沉降。沉降缝通常设置在如下部位:

①平面形状复杂的建筑物转折处;

②建筑物高度或荷重差别很大处;

③长高比过大的建筑物的适当部位;

④地基土压缩性显著变化处;

⑤建筑物结构或基础类型不同处;

⑥分期建筑的交接处;

⑦拟设置伸缩缝处(沉降缝可兼作伸缩缝)。

沉降缝应留有足够的宽度,缝内一般不填充材料,以保证沉降缝上端不致因相邻单元互倾而顶住。沉降缝的宽度与建筑物的层数有关。

4. 相邻建筑物基础间应有合适的净距

建筑物间距离太近时,由于地基应力扩散作用,会相互影响,使相邻建筑物产生附加沉降。所以,建造在软弱地基上的建筑物,应隔开一定距离。如分开后的两个单元之间需要连接时,应设置能自由沉降的连接体,如用简支、悬臂结构连通。

相邻的高耸结构(或对倾斜要求严格的构筑物)的外墙间隔距离,应根据倾斜允许值计算确定。

5. 调整某些设计标高

确定建筑物各部分的标高,应考虑沉降引起的变化。根据具体情况,可采取如下措施:

①室内地坪和地下设施的标高,应在预估的沉降量的基础上予以提高;

②建筑物各部分(或设备之间)有联系时,可将沉降大者的标高适当提高;

③建筑物与设备之间,应留有足够的净空,当建筑物有管道通过时,管道上方应预留足够尺寸的孔洞,或采用柔性的管道接头。

2.13.2 结构措施

1. 增强建筑物的刚度和强度

对于三层和三层以上砌体承重结构的房屋,其长高比 L/H 宜小于或等于2.5;当房屋的长高比为 $2.5<L/H≤3.0$ 时,宜做到纵墙不转折或少转折,并应控制内横墙间距,适当增强基础刚度和强度。当房屋的预估最大沉降量小于或等于120 mm时,其长高比可不受限制。

在砌体内的适当部位设置圈梁,可以提高砌体的抗剪、抗拉强度,防止建筑物出现裂缝。

圈梁一般沿外墙设置在楼板下或窗顶上。设在窗顶上的圈梁可兼作过梁用。在主要的内墙上也要适当设置圈梁,并与外墙的圈梁连成整体。圈梁一般在基础及屋顶各设一道。对多层建筑,可隔层设置。如场地土质较差,则应层层设置。对单层工业厂房、仓库,可结合基础梁、联系梁、过梁等酌情设置。在顶层圈梁上应有足够的砌体,使圈梁和砌体能整体受力。所有圈梁在平面上应形成封闭系统。

2. 选用合适的结构形式

当发生不均匀沉降时,静定结构体系中的构件不会出现很大的附加应力,故在软弱地基上的公共建筑物、单层工业厂房、仓库等,可考虑采用静定结构体系,以减轻不均匀沉降产生的不利后果。如采用排架、三铰拱等结构。

3. 减轻建筑物和基础的自重

①减轻墙体重力。对于砖石承重结构的房屋,墙体的重力占结构总重力的一半以上,故宜选用轻质的墙体材料,如轻质混凝土墙板、空心砌块、空心砖或其他轻质墙等。

②采用轻型结构。如采用预应力混凝土结构、轻钢结构以及轻型屋面(如自防水预制轻型屋面板、石棉水泥瓦)等。

③采用覆土少而自重轻的基础。例如采用空心基础、空腹沉井基础等。在可能时采用架空地板以取消室内厚填土。

4. 减小或调整基底压力或附加压力

①设置地下室或半地下室,以减小基底附加压力。

②改变基底尺寸,调整基础沉降。对于上部结构荷载大的基础,可采用较承载力要求为大的基底面积,以减小其基底附加压力,使结构荷载不等的基础沉降趋于均匀。

5. 加强基础刚度

对于建筑体型复杂、荷载差异较大的框架结构,可采用箱基、柱基、筏基等加强基础整体刚度,减少不均匀沉降。

2.13.3　施工措施

①遵照先建重(高)建筑,后建轻(低)建筑的程序。当建筑物存在高低或轻重不同部分时,应先建造高重部分,后施工低轻部分。如果在高低层之间使用连接体时,应最后修建连接体,以部分消除高低层之间沉降差异的影响。

②建筑物施工前使地基预先沉降。

③注意沉桩、降水对邻近建筑物的影响。

④基坑开挖时注意对坑底土的保护。

在基坑开挖时,不要扰动基底土的原结构。通常在坑底保留约 200 mm 厚的土层,待垫层施工时再挖除。如发现坑底已被扰动,应将已扰动的土挖去,并用砂、碎石回填夯实至要求标高。

思考题

1. 天然地基上的浅基础设计内容及步骤是什么?

2.确定地基承载力设计值有哪些方法?

3.地基基础的设计有哪些要求和规定?

4.确定基础埋深时,应考虑哪几方面的因素?

5.说明建筑地基主要变形特征的形式。不同结构基础分别对应何种地基变形特征?

6.地基变形指标有哪些?其数学表达形式分别是什么?

7.如何确定基础的底面尺寸?如何确定刚性基础的厚度及悬挑宽度?

8.什么是倒梁法?倒梁法如何计算柱下条基的内力?

9.如何将十字交叉基础角柱、中柱、边柱各结点的荷载分配至结点的纵横基础梁?

10.如何确定筏板基础底板厚度?

11.箱形基础的适用条件是什么?其设计内容有哪些?

12.减轻不均匀沉降的结构措施有哪些?

练习题

1.某条形基础底宽 $b=1.8$ m,埋深$=1.2$ m,地基土为黏土,内摩擦角标准值 $\varphi_k=20°$,黏聚力标准值 $c_k=12$ kPa,地下水位与基底平齐,土的有效重度 $\gamma'=10$ kN/m³,基底以上土重度 $\gamma_m=18.3$ kN/m³。试确定地基承载力特征值 f_a。

2.某柱基承受的轴心荷载为 $F_k=1.05×10^6$ N,基础埋深为 1 m,地基土为中砂,$\gamma=18$ kN/m³,$f_a=280$ kPa。试确定该基础的底面边长。

3.某工厂厂房为框架结构,选择独立基础。作用在基础顶面的竖向荷载标准值 $N=2400$ kN,弯矩 $M=850$ kN·m,水平力 $Q=60$ kN。基础埋深 1.90 m,基础顶面位于地面下 0.5 m。地基表层为素填土,天然重度 $\gamma_1=18.0$ kN/m³,厚度 $h_1=8.60$ m;第二层土为黏性土,$\gamma_2=18.5$ kN/m³,厚度 $h_2=8.60$ m;$e=0.90$,$I_L=0.25$。试设计基础的底面尺寸,并验算基础厚度。(设 $f_{ak}=210$ kPa)

4.工程地质条件见表2-14,拟建五层住宅楼(砖混结构),其底层山墙厚 370 mm,相应于荷载效应标准组合时,上部结构传至墙底部的竖向力值 $F_k=185$ kN/m,室内外高差 0.75 m。试设计砖、砖-灰土、毛石刚性基础和墙下钢筋混凝土条形基础(要求画出基础详图)。

5.场地工程地质条件见表 2-16,拟建工程为框架结构,其柱子截面为 400 mm×600 mm,相应于荷载效应标准组合时,上部结构传至柱底部的荷载值 $F_k=475$ kN,$M_k=12$ kN·m,$Q_k=16$ kN,试设计钢筋混凝土单独基础。(注:基础埋深 1.4 m,室内外高差为 0.45 m,基础用 C20 混凝土、C10 混凝土垫层和 HPB235 级钢筋。)

表 2-14 工程地质条件

层次	土层定名	土层厚度/m	γ/(kN/m³)	W/%	e	I_p	I_L	f_a/kPa	E_s/MPa	备注
I	杂填土	1.00	16							假定地下水位在地表下 1.25 m
II	粉质黏土	4.50	17.5	22.0	0.81	14	0.61	167	8.4	
III	淤泥质土	2.50	16.2	36.0	1.18	15	1.24	85	1.7	

第3章 桩基础

3.1 概 述

桩是由木材、钢材或者混凝土等材料制成的细长结构物,通常埋置于地基中,用于构造一种深基础即桩基础。桩的功能是通过杆件的侧壁摩擦阻力和端部阻力将上部结构的荷载传递给深处的地基。桩基础具有较高的承载力和稳定性,抗震性能好,沉降较小且沉降均匀,能适应多种复杂地质条件。

桩基础的优点:①桩基础具有较高的承载力和稳定性;②桩基础是减少建筑物沉降和不均匀沉降的良好措施;③桩基础是克服复杂条件下不良地质危害的重要措施,具有良好的抗震、抗爆性能;④桩基础具有很强的灵活性,对结构体系、范围及荷载变化等有较强的适应能力。

桩基础的缺点:①桩基础的造价一般很高;②桩基础的施工比一般浅基础复杂(但比沉井、沉箱、地下连续墙等深基础简单);③以打入等方式设桩存在振动、噪音等环境问题,而以成孔灌注桩方式设桩对场地环境会造成一定影响;④桩基础的工作机理比较复杂,其设计计算方法相对不完善。

桩基础是一种适用性很强的基础形式,可应用于多种工程地质条件和多种类型的工程。随着工程技术的不断发展,桩的使用越来越广泛,桩的形式也有很大的发展。特别是20世纪80年代以后,我国土木工程建设得到迅速发展,桩基础技术也迅速发展。目前,桩基础已广泛应用于桥梁工程、高耸和高重建筑物、支挡结构、港口工程、近海石油钻井平台等工程中。近些年,桩基础发展很快,新的桩基础设计理论、计算方法、施工工艺和新的桩型不断涌现,桩基础已经成为基础工程最重要的形式之一。

桩基础较浅基础复杂、处理深度更深,在很多情况下,为了确保结构安全,必须采用桩基础。相对于其他深基础处理方法如沉井、地下连续墙等结构,桩基础使用范围更广且成本较低。桩基础主要适用于以下一些情况:

①当荷载较大,地基上部土层较软,地基持力层埋藏较深,很难挖除软土或不宜采用地基处理措施时,可采用桩将荷载传递到持力层。

②当支挡结构承受水流冲刷、风荷载、滑坡推力、地震荷载或高层建筑基础时,经常承受上部结构传递的竖向荷载和较大的水平荷载,可采用桩基础。

③当地基上层为膨胀土、湿陷性黄土等特殊土时,由于特殊土随着含水量的增加会产生较大的膨胀、收缩、不均匀沉降等变形,采用桩基础可以穿过这些特殊土层,使产生的变形影响很小。

④对于输电线塔、近海平台等建筑物,由于承受较大的上拔力,可采用桩基础抵抗上拔力。

3.2 桩的类型

桩型的合理选择是桩基础设计的重要环节,需要综合考虑。桩的分类方法很多,不同类型的桩基具有不同的承载性能,施工时对环境的影响不同,适用条件和造价都差异很大。桩的综合分类见表3-1。

表 3-1　桩的综合分类

桩基础分类法	桩的类型				
按桩的制作工艺划分	预制桩		灌注桩		
按成桩或成孔工艺划分	打入桩	静压桩	沉管桩	钻孔桩	人工挖孔桩
按挤土效应划分	挤土	挤土	挤土	不挤土	不挤土
按桩身材料划分	钢、钢筋混凝土		钢筋混凝土、素混凝土		

3.2.1　按承载状况分类

按照桩的性状和竖向受力情况,桩可以分为摩擦型桩和端承型桩,如图3-1所示。

(1)摩擦型桩

摩擦型桩指桩的各个方向都被可压缩的土体包围,在竖向力作用下桩向下移动,周围土体产生向上的摩擦力,桩顶荷载全部或者主要由桩侧摩擦力承受。

(2)端承型桩

端承型桩指桩身穿越相对较软土层,桩在竖向力作用下,纵向压缩变形很小或可以忽略不计,桩身与各土层之间摩擦力很小,竖向荷载主要或者全部由桩端阻力承受。

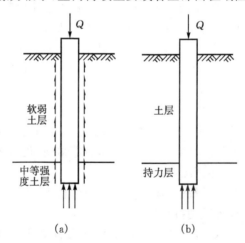

图 3-1　摩擦型桩和端承型桩

(a)磨擦型桩;(b)端承型桩

在荷载作用下桩的承载力可用式(3-1)表示

$$Q = Q_p + Q_s \qquad (3-1)$$

式中:Q——相应于荷载效应基本组合时,单桩竖向承载力设计值,kN;

Q_p——桩周土施加的桩侧阻力,kN;

Q_s——桩端土施加的桩端阻力,kN。

根据桩顶荷载是否全部由桩侧摩擦力承受又可将桩分为摩擦桩和端承摩擦桩两种;根据

桩侧与桩端阻力的发挥程度和分担荷载的比例,端承桩又可以细分为端承桩和摩擦端承桩。

3.2.2　按桩的使用功能分类

按桩的使用功能可分为如下四类。

(1)竖向抗压桩

建筑物的荷载以竖向荷载为主,桩在轴向受压,由桩端阻力和桩侧摩阻力共同承受竖向压力。

(2)竖向抗拔桩

当地下室深度较深,地面建筑层数不多时,验算抗浮可能不满足要求,此时需设置承受上拔力的桩。自重不大的高耸结构物在水平荷载作用下,在基础的一侧会出现拉力,也需验算桩的抗拔力。承受上拔力的桩,其桩侧摩阻力的方向与上拔力相反,单位面积的摩阻力小于抗压桩,钢筋应通长配置以抵抗上拔力。

(3)水平受荷桩

承受水平荷载为主的建筑物桩基础,或用于防止土体、岩体滑动的抗滑桩,桩的作用主要是抵抗水平力。水平受荷桩的承载力和桩基设计原则都不同于竖向承压桩,桩和桩侧土体共同承受水平荷载,桩的水平承载力与桩的水平刚度及土体的水平抗力有关。

(4)复合受荷桩

当建筑物传给桩基础的竖向荷载和水平荷载都较大时,桩的设计应同时验算竖向和水平两个方向的承载力,同时应考虑竖向荷载和水平向荷载之间的相互影响。

3.2.3　按桩身材料分类

(1)混凝土桩

混凝土桩指由素混凝土、钢筋混凝土或预应力钢筋混凝土制成的桩。这种桩的价格比较便宜,截面刚度大,且易于制成各种尺寸的桩,但桩身强度受到材料性能与施工条件的限制,用于超长桩时不能充分发挥地基土对桩的支承能力。

混凝土桩根据制作的方法不同,可以分为素混凝土桩、钢筋混凝土桩和预应力钢筋混凝土桩。

①素混凝土桩抗拉能力弱,一般仅用于纯受压条件下,不适于荷载条件比较复杂的情况,应用较少。

②钢筋混凝土桩配筋率一般为 0.3%～1.0%,价格便宜、耐久性好、施工方便,适合各种复杂荷载的情况,应用范围广泛。

③预应力钢筋混凝土桩在抗弯、抗拉以及抗裂等方面比钢筋混凝土桩性能更好,一般采用预制,特别适用于冲击和振动荷载的情况。

(2)钢　桩

钢桩指采用钢材制成的管桩和型钢桩,常见的钢桩以管桩和 H 形钢桩较多,也有用槽钢和工字钢作为钢桩的,钢桩截面示意图如图 3-2 所示。我国《建筑桩基技术规范》(JGJ 94—2008)中列出了常用的 H 形钢桩的截面尺寸。钢桩接长时,可采用焊接或者铆接。

钢桩的优点:钢桩强度高,抗冲击性能较好,可以用于超长桩;接头容易处理,施工质量稳定容易进入比较密实或坚硬的持力层,从而获得很高的承载力。但钢桩也有其缺点:它价格比

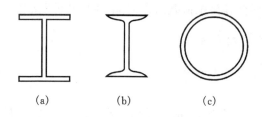

图 3-2 钢桩的截面形状

(a)H 形;(b)工字形;(c)管形

较昂贵,而且容易出现锈蚀问题。

(3)木 桩

木桩采用树干制成,大部分木桩的最大长度为 10~20 m,桩端直径不小于 150 mm。木桩的承载力一般为 220~270 kN。木桩适用于生产木材的地区。木桩最经济的形式是用未经修整的原木,粗端在上面。由于木桩在水位以上的部分容易腐蚀,通常都把木桩桩顶浇注在混凝土桩帽中,或者套在预制钢筋混凝土桩中。木桩一般都需要防腐蚀处理。

(4)组合材料桩

组合材料桩指由两种或两种以上材料组合而成的桩型。组合材料桩的目的是最大程度发挥各种材料的特点,从而获得最佳的技术经济效果。如在沿海港湾工程中,常采用 H 形钢桩与钢筋混凝土方桩组合。在下部采用 H 形钢桩,利用其贯入能力强的特点;上部为钢筋混凝土方桩,利用其刚度大、对海水抗腐蚀能力强的特点。

3.2.4 按成桩方法分类

(1)挤土桩

指打入或压入土中的实体预制桩、闭口管桩(钢管桩或预应力管桩)和沉管灌注桩。这类桩在沉桩过程中,由于周围土体受到桩体的挤压作用,土中孔隙水压力增大,土体发生隆起,会对周围环境造成严重的损害。例如相邻建筑物的变形开裂、市政管线的断裂,甚至造成水或煤气的泄漏。目前,挤土桩在大中城市的建成区已严格限制使用。

(2)部分挤土桩

指沉管灌注桩、预钻孔打入式预制桩及打入式敞口桩。打入敞口桩管时,土可以进入桩管形成土塞,从而减少了挤土的作用,但当土塞的长度不再增加时,犹如闭口桩一样将产生挤土的作用。为了减少挤土作用,打入实体桩时,可以采取预钻孔的措施,将部分土体取走,这也属于部分挤土桩。

(3)非挤土桩

指采用干作业法、泥浆护壁法、套管护壁法的钻(冲)孔、挖孔桩。非挤土桩在成孔与成桩的过程中对周围的桩间土没有挤压的作用,不会引起土体中超孔隙水压力的增长,因而桩的施工不会危及周围相邻建筑物的安全。

3.2.5 按桩径大小分类

桩径大小不同的桩,其承载性能不同,设计的要求不同,一般施工工艺和施工设备也不相同,它们适用于不同的工程项目和不同的经济条件。根据桩径的尺寸可以分为以下三种。

(1)小直径桩

$d \leqslant 250$ mm。小直径桩的施工机械、施工方法一般都比较简单,在地基处理、结构支护、基础托换等工程中应用广泛。

(2)中等直径桩

250 mm$<d<800$ mm。中等直径桩大量应用于工业和民用建筑的基础工程,成桩方法和施工工艺很多。

(3)大直径桩

$d \geqslant 800$ mm。此类桩大多采用钻孔、挖孔以及冲孔等方式成桩,常用于高重结构的基础,单根桩承载力较高,多为端承型桩。

3.2.6 按施工方法分类

混凝土桩根据是否在现场浇注混凝土也可以分为预制桩和灌注桩。

(1)预制桩

预制桩是桩体在工厂或者施工现场预先制好,然后运到工地,采用各种施工方法把桩埋入土层。预制桩有方形、八边形、中空方形以及圆形截面等(如图 3-3 所示)。限于运输和起吊能力,预制桩一般不超过 13.5 m,现场制作长度可适当大一些,但一般也在 20~30 m 之间。

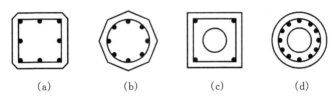

(a)   (b)   (c)   (d)

图 3-3 预制混凝土桩
(a)方形;(b)八边形;(c)中空方形;(d)中空圆形

预制混凝土桩的强度不宜低于 C30,预应力混凝土桩的强度不宜低于 C40,且纵向钢筋混凝土保护层厚度不宜小于 30 mm。预制桩的优点是:桩身质量易于保证和控制,承载力高;能根据需要制成不同尺寸和形状,制作方便,成桩速度快,适于大面积施工。缺点是:运输、起吊、打桩容易损坏桩身,造价较高;打桩时,对周围土层扰动较大,噪音较大;沉桩时,不宜穿透较厚的坚硬土层,经常需要射水、预钻孔等辅助措施;另外,挤土效应可能引起地面隆起、道路或管线破坏等问题。

(2)灌注桩

现场灌注桩是在施工现场钻孔或者挖孔,然后下放钢筋笼并填充混凝土制作而成的(见图 3-4)。灌注桩无水情况下强度一般不低于 C15,水下灌注时不低于 C20。灌注桩保护层厚度不小于 35 mm,水下灌注混凝土保护层不小于 50 mm。

灌注桩的主要优点:适用于各种地层,较预制桩桩长调整灵活,桩端扩底可充分发挥桩身强度和持力层承载力,钢材使用量较低,与预制桩相比,可节省造价 40%～70%。缺点是:成桩质量不易保证,桩身易出现夹泥、缩颈、断桩、混凝土析出等问题。

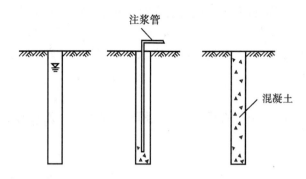

图 3-4 灌注桩施工过程

3.3 单桩竖向承载力

单桩竖向承载力指单桩所具有的承受竖向荷载的能力。其最大的承载能力称为单桩极限承载力,可由单桩竖向静载荷试验测定,也可参照其他的方法(如规范经验参数法、静力触探法等)确定。单桩竖向承载力的大小是桩基础设计的主要内容,也是桩基最重要的设计参数。

3.3.1 单桩竖向荷载传递机理及破坏模式

1.单桩竖向荷载传递机理

竖向荷载施加于桩顶时,桩身的上部首先受到压缩而发生相对于土的向下位移,桩周土在桩侧界面上产生向上的摩阻力;荷载沿桩身向下传递的过程就是不断克服这种摩阻力,通过它向土中扩散的过程;因而桩身轴力 Q_z 随着深度而逐渐减小,在桩端处 Q_z 与桩底土反力 Q_{pm} 平衡,同时桩端持力层土在桩底土反力 Q_{pm} 作用下产生压缩,使桩身下沉,桩与桩间土的相对位移又进一步产生摩阻力。随着桩顶荷载的逐渐增加,上述过程周而复始地进行,直至变形稳定为止,荷载传递过程才结束。

由于桩身压缩量的累积,上部桩身的位移总是大于下部,因此上部的摩阻力总是先于下部发挥出来;桩侧摩阻力达到极限之后就保持不变;随着荷载的增加,下部桩侧摩阻力被逐渐调动出来,直至整个桩身的摩阻力全部达到极限,继续增加的荷载就完全由桩端持力层土承受;当桩底荷载达到桩端持力层土的承载力极限时,桩便发生急剧的、不停滞的下沉而破坏。

可见,桩侧土层的摩阻力是随着桩顶荷载的增大自上而下逐渐发挥的。当桩侧土层的摩阻力到极限后,若继续增大桩顶荷载,那么其增加的荷载量将全部由桩端阻力来承担。当桩顶荷载大于桩端岩土层的极限端承力时,桩端持力层破坏,桩顶位移急剧增大,且往往压力下跌,表明桩已经破坏。因此,定义单桩桩顶破坏时的最大荷载为单桩的破坏承载力,而破坏之前的前一级荷载为单桩竖向极限承载力,即单桩竖向极限承载力是静载试验时,单桩桩顶能稳定承受的最大试验荷载。竖向荷载作用下单桩的桩、土荷载传递如图 3-5 所示。

从上面的描述和图 3-5 可以看出,桩顶的竖向荷载作用下的传递规律是:

①桩侧摩阻力是自上而下逐渐发挥的,而且不同深度土层的桩侧摩阻力是异步发生的。

②当桩土相对位移大于各种土性的极限位移后,桩土之间要产生滑移,滑移后其抗剪强度

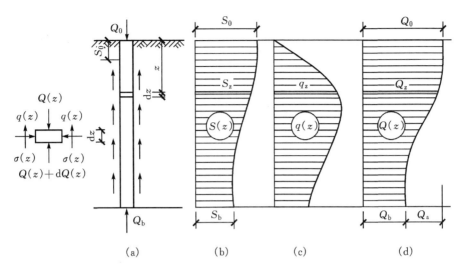

图 3-5　竖向荷载作用下单桩的桩、土荷载传递图

(a)单桩受力图及微段桩受力图；(b)桩截面位移图；(c)桩侧摩阻力分布图；(d)轴力分布图

将由峰值强度跌落为残余强度，即滑移部分的桩侧土产生软化。

③桩端阻力和桩侧阻力是异步发挥的。只有当桩身轴力传递到桩端并对桩端土产生压缩时才产生桩端阻力，而且一般情况下(当桩端土较坚硬时)，桩端阻力随着桩端位移的增大而增大。

根据理论分析和试验研究可知，影响荷载传递的因素很多，主要因素有以下几方面：

①桩底土层越硬，即桩底土与桩周土的刚度比 E_b/E_s 越大，则经由桩底传递的荷载越多。

②桩身相对刚度 E_p/E_s 越大，则经由桩底传递的荷载越多。

③扩底直径 D 越大，则桩底传递的荷载亦越多。

④桩长对荷载传递有重要影响，当桩长 $L/D>100$ 时，上述各种影响都将大大减弱，甚至失去意义。这一特性意味着，当桩很长时，则大部分荷载经由桩侧传递，即使桩和桩底土再硬，亦或扩大桩底，都不能改变这个基本特性。

2. 单桩破坏模式

单桩在竖向荷载作用下，其破坏模式取决于桩周土的抗剪强度、桩端支承情况、桩的尺寸以及桩的类型等条件。单桩在竖向荷载下的破坏模式如图 3-6 所示。

(1)屈服破坏

当桩底支承在坚硬的土层或者岩层上，桩周极为软弱，桩身无约束或侧向抵抗力，桩在轴向荷载作用下，如同一细长压杆出现纵向屈服破坏，荷载-沉降(Q-S)关系曲线为"急剧破坏"的陡降型，其沉降量很小，具有明确的破坏荷载(图 3-6(a))。桩的承载力取决于桩身的材料强度。穿越深厚淤泥质土层中的小直径端承桩或嵌岩桩、细长的木桩等多出现此种破坏。

(2)整体剪切破坏

当具有足够强度的桩穿过抗剪强度较低的土层，达到抗剪强度较高的土层，且桩的长度不大时，桩在轴向荷载作用下，由于桩底上部土层不能阻止滑动土楔的形成，桩底土体形成滑动面而出现整体剪切破坏。因为桩端较高强度的土层将出现大的沉降，桩侧摩阻力难以充分发

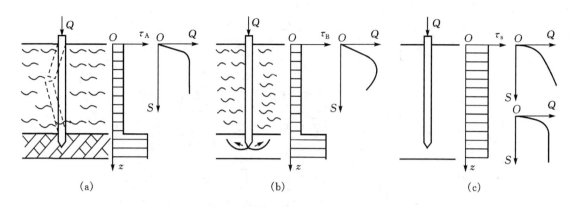

图 3-6　竖向荷载作用下单桩破坏模式
(a)屈指破坏；(b)剪切破坏；(c)刺入破坏

挥,主要荷载由桩端阻力承受,Q-S曲线也为陡降型,呈现明确的破坏荷载(图 3-6(b)),桩的承载力主要取决于桩端土的支承力。一般打入式短桩、钻扩短桩等的破坏均属于此种破坏。

(3)刺入破坏

当桩的入土深度较大或桩周土层抗剪强度较均匀时,桩在轴向荷载作用下将出现刺入破坏(图 3-6(c))。此时桩顶荷载主要由桩侧摩阻力承担,桩端阻力极微,桩的沉降量较大。一般当桩周土质较软弱时,Q-S曲线为"渐进破坏"的缓变型,无明显拐点,极限荷载难以判断;当桩周土质强度较高时,Q-S曲线可能为陡降型,有明显拐点,桩的承载力主要取决于桩周土的强度。一般情况下的钻孔灌注桩多属于此种情况。

3.3.2　单桩竖向承载力的确定

单桩承载力包括竖向承载力和水平承载力,其中竖向承载力一般指承受向下作用荷载的能力。此外,单桩还要承受向上作用的力,即为抗拔承载力。确定竖向承载力的方法很多,有理论分析法、现场原位测试、规范经验公式法和动力分析法等。

1. 单桩竖向抗压静载试验

单桩竖向抗压静载试验是采用接近于竖向抗压桩实际工作条件的试验方法,确定单桩竖向抗压极限承载力。房屋建筑中桩顶荷载是随着房屋建造层数的逐渐增加而逐渐增大的,所以抗压静载试验也采用分级加载、分级沉降观测的方法来记录荷载沉降关系。试验时荷载逐级作用于桩顶,桩顶沉降慢慢增大,最终可得到单根试桩静载 Q-S 曲线。当桩身中埋设应力应变测量元件时,还可以得到桩侧各土层的极限摩阻力和端承力。

一个工程中应该取多少根桩进行静载试验,各个部门规范大体相同。《建筑地基基础设计规范》(GB 50007—2002)规定:同一条件下的试桩数量不宜少于总桩数的 1%,并不少于 3 根;《建筑桩基检测技术规范》(JGJ 106—2003)规定:同一条件下的试桩数量不宜少于总桩数的 1%,且不应少于 3 根,总桩数在 50 根以内时,不应少于 2 根。实际测试时,应根据工程情况参考相关的规范进行。

(1)单桩静载试验的目的与使用范围

单桩竖向抗压静载试验主要的目的包括以下五个方面:

①确定单桩竖向抗压极限承载力及单桩竖向抗压承载力特征值;

②判定竖向抗压承载力是否满足设计要求;

③当埋设有桩底反力、桩身应力和应变测量元件时,可测定桩周各土层的摩阻力和桩端阻力;

④当埋设桩端沉降侧管、测量桩端沉降量和桩身压缩变形时,可了解桩身质量、桩端持力层、桩身摩阻力和桩端阻力等情况。

⑤评价桩基的施工质量,作为工程桩的验收依据。

单桩竖向抗压静载试验适用于所有桩型的单桩竖向极限承载力的确定。

(2)试桩的制作

试桩顶部一般应予以加强,可在桩顶配置加密钢筋网 2~3 层,以薄钢板圆筒做成加劲箍与桩顶混凝土浇注成一体,以高强度等级砂浆将桩顶抹平。

试桩的成桩工艺和质量控制标准应与工程桩一致。为缩短试桩达到设计强度的时间,混凝土强度等级可适当提高。在水下混凝土浇捣时,不能掺加早强剂,但在试桩桩头制作时,可添加早强剂,并预留 1~2 组试块。

对于预制方桩或者预应力管桩,从成桩到开始试验的间歇时间:在桩身强度达到设计要求的前提下,对砂类土,不应少于 10 天;对粉土和黏性土,不应少于 15 天;对淤泥或者淤泥质土,不应少于 25 天。这是因为打桩对土体有扰动,所以试桩必须待桩周土体的强度恢复后才可以进行。对混凝土灌注桩,原则上应在成桩 28 天后进行试验。

(3)单桩静载试验装置及相关规定

①试验装置。试验装置包括加荷系统与位移观测系统。加荷系统主要有锚桩反力式与压重反力平台式两类,如图 3-7 所示。锚桩反力式加荷系统通过反力梁将反力传给锚桩,反力梁装置所能提供的反力应不小于预估最大试验荷载的 1.2~1.5 倍。锚桩应尽可能利用工程桩以节约造价,锚桩数量不得少于 4 根,并应对试验过程中锚桩的上拔量进行监测。载荷平台式加荷系统由堆放在平台上的压重钢锭或重物平衡反力,压重应在试验开始前全部加上,压重量不得少于预估最大试验荷载的 1.2 倍。加荷设备通常为配有稳压装置的液压千斤顶,试验前需对千斤顶进行标定,荷载可用放置于千斤顶上的量力环或应变式压力传感器测定。位移

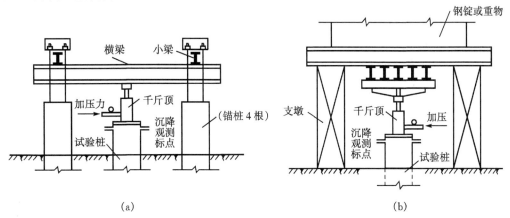

图 3-7　单桩静荷载试验的装置

(a)锚桩反力装置;(b)压重平台反力装置

观测系统的支架由基准桩和架于其上的基准梁组成。基准桩必须远离试桩和锚桩,至少不小于 $4d$(桩径)和 2 m;基准梁必须具有足够的刚度,在自重和风力及地面振动作用下不产生明显的挠曲变形或振动。位移观测仪器通常采用具有足够灵敏度和精确度的长标距百分表或电感位移计。对于大直径桩应在其两个正交直径方向对称安置 4 个测读仪表;对于中等直径和小直径桩可采用 2 个或 3 个测读仪表。

②相关规定。

a.试桩中心距规定。试桩、锚桩和基准桩之间的中心距离应符合表 3-2 的规定。

表 3-2　试桩、锚桩和基准桩之间的中心距离

反力系统	试桩与锚桩(或压重平台支墩边)	试桩与基准桩	基准桩与锚桩(或压重平台支墩边)
锚桩横梁反力装置	$\geq d$	$\geq d$	$\geq d$
压重平台反力装置	≥ 2 m	≥ 2 m	≥ 2 m

注:d——试桩或锚桩的设计直径,取较大者;当试桩或锚桩为扩底桩时,试桩与锚桩的中心距不应小于 2 倍扩大端直径

b.加载规定。试验时加载方式通常有慢速维持荷载法、快速维持荷载法、等贯入速率法、等时间间隔加载法以及循环加载法等。工程中最常见的是慢速维持荷载法,即逐级加载,每级荷载值约为单桩承载力设计值的 $1/8\sim 1/5$,当每级荷载下桩顶沉降小于 0.1 mm/h,持力层为砂土时,沉降速率不大于 0.5 mm/h,则认为已经趋于稳定,然后施加下一荷载直到试桩破坏,在分级卸载到零。对于工程桩的检验性试验,也可采用快速维持荷载法,即一般每隔 1 h 加一级荷载。

c.终止条件规定。当出现下列情况之一时,即可终止加载:

· 某级荷载下,桩顶沉降量为前一级荷载沉降量的 5 倍;

· 某级荷载下,桩顶沉降量大于前一级荷载沉降量的 2 倍,且经 24 h 尚未达到相对稳定;

· 已达到锚桩最大抗拔力或压重平台的最大重量时。

d.破坏标准。当出现下列任何一种情况时,即认为试桩已达到破坏并可中止加载:

· 桩发生急剧的、不停滞的下沉;

· 该级荷载下的沉降大于其前一级沉降的 5 倍;

· 该级沉降大于其前一级沉降的 2 倍,且在 24 h 内不能稳定;

· 试桩的总沉降超过 $100+(L-40)$,沉降以 mm 计,L 为桩长以 m 计;

终止加载后进行卸载,每级卸载量为加载量的 2 倍,每级卸载后隔 15 min 测读一次残余沉降量,读两次后,隔 30 min 再测读一次,即可卸下一级荷载。全部卸载后,隔 $3\sim 4$ h 再测读一次。

(4)成果资料的整理

常规试验可根据观测资料绘制如图 3-8 所示的试桩的荷载-沉降(Q-S)曲线、锚桩的上拔力-位移(N-Δ)曲线和试桩的沉降-时间(S-t)或(S-$\lg t$)曲线等。若为循环载荷试验,还可绘制荷载-弹性沉降(Q-S_e)曲线和荷载-塑性沉降(Q-S_p)曲线。根据这些曲线可以确定单桩极限承载力和其他的参数。

(5)极限承载力的判定

极限承载力是单桩最大的承载能力,桩周地基土(包括桩的四周和桩端的地基土)对桩的

支承是构成单桩承载力的主要因素。当桩周地基土不能承受过大荷载而破坏时,桩身便急剧下沉;但出现桩周土破坏的前提条件是桩身结构强度必须足以传递如此大的轴力,如果桩身强度不足,则桩身必然先于地基土破坏,此时桩身可能发生折断或压曲破坏。上述两种可能的破坏都会在试桩曲线上表现出来,因此可以从单桩竖向承载力的静载荷试验曲线判定单桩的极限承载力。

当桩顶荷载达到极限承载力时,不同情况的试验曲线具有不同的特征,可以采用下列不同的方法判定单桩的极限承载力。

①Q-S 曲线明显转折点法。对于具有明显转折点的 Q-S 曲线通常可划分为三段:基本上呈直线的初始段、曲率逐渐增大的曲线段和斜率很大的末段直线。三段曲线的分界点分别称为第一与第二拐点。三段曲线反映了桩的承载性状变化的三个阶段:从加荷至第一拐点 A 为线性变形阶段,此时桩周土的变形处于弹性状态;第一拐点后,桩周土逐渐出现塑性变形,沉降速率开始逐渐增大,直至第二拐点 B,此为弹塑性变形阶段;在第二拐点以后,沉降急剧增大以至无法停止,标志桩已进入破坏阶段,可能是桩周土的塑性破坏,也可能是桩身强度破坏。如图 3-8 所示。

不同的破坏机理,曲线的形态不同:桩身强度破坏时曲线呈脆性破坏特征,而桩周土的破坏可能是延性的。试桩曲线上的第一拐点所对应的荷载称为临界(屈服)荷载,记为 Q_i;第二拐点对应的荷载称为极限荷载,记为 Q_u。

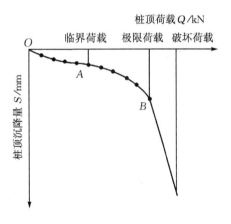

图 3-8　单桩荷载-沉降(Q-S)曲线

②沉降速率法(S-$\lg t$ 法)。当荷载较小时,各级荷载下的 S-$\lg t$ 关系呈一条条平坦的直线;超过屈服荷载,S-$\lg t$ 的斜率逐级增大;超过极限荷载后,S-$\lg t$ 的斜率急剧增大,且随着时间而向下曲折,表明桩的沉降速率在随着时间而增加,这标志着桩已处于破坏状态。因此,斜率急剧增大且向下曲折的曲线所对应的荷载应为破坏荷载,其前一级荷载即为极限荷载。如图 3-9 中曲线 g 所对应的是破坏荷载,其前一级曲线 f 对应的即为极限荷载 Q_u。

③相对变形标准。当 Q-S 曲线没有明显转折点时,表明该桩的破坏模式属于刺入型。这一类试桩的极限荷载的判定通常参照变形标准,例如我国《建筑桩基技术规范》(JGJ 94—2008)推荐:一般取 $S=40\sim60$ mm 对应的荷载;对于大直径桩($d>800$ mm)可取 $S=0.03\sim0.06D$(D 为桩端直径,大桩径取低值,小桩径取高值)所对应的荷载;对于长桩($l/d>80$)可取 $S=60\sim80$ mm 所对应的荷载为其极限荷载,即该试桩的极限承载力。采用变形标准确定极

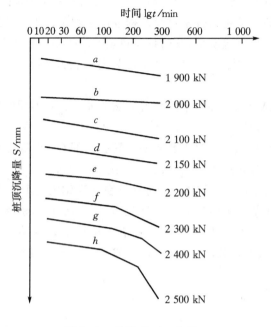

图 3 - 9　单桩 S - $\lg t$ 曲线

限承载力完全是基于对单桩的破坏变形规律性的分析而得出的,与群桩基础的沉降控制值无关,不能将这一标准与建筑物的容许沉降值建立任何的联系。

2. 单桩竖向承载力计算

一般情况下单桩竖向承载力 Q 与桩端承载力 Q_p、桩侧承载力 Q_s 之间存在一定的关系。当桩处于极限状态时,单桩竖向极限承载力为 Q_u 由桩端极限端阻力 Q_{pu} 和桩侧极限侧阻力 Q_{su} 组成。

(1)桩端极限端阻力 Q_{pu}

桩端极限端阻力的求解可以从太沙基地基极限承载力公式 $q_u = cN_c^* + qN_q^* + \gamma BN_\gamma^*$ 改进求得。在此处,承载力系数 N_c^*, N_q^* 和 N_γ^* 取值与太沙基公式不同;同时,采用桩的截面宽度(或直径)d 代替太沙基公式中的一半宽 B,可以得到

$$q_u = cN_c^* + qN_q^* + \gamma dN_\gamma^* \tag{3-2}$$

因桩的宽度 d 相对较小,可以忽略上式右边的 γdN_γ^* 项,并将旁侧荷载 q 用有效竖向应力 q' 代替,可以得到

$$q_u = cN_c^* + q'N_q^* \tag{3-3}$$

所以桩端极限端阻力 Q_{pu} 可表示为

$$Q_{pu} = A_p q_u = A_p(cN_c^* + q'N_q^*) \tag{3-4}$$

式中:Q_{pu}——桩端极限端阻力,kN;

　　　A_p——桩端横截面面积,m^2;

　　　c——桩端土的黏聚力,kPa;

　　　q_u——单位面积土的桩端极限端阻力,kPa;

　　　q'——桩端平面处的有效竖向应力,kPa;

N_c^*，N_q^* 和 N_γ^*——承载力系数。

确定桩基础承载力系数 N_c^*，N_q^* 的方法，主要有梅耶霍夫(Meyerhof)法和杨布(Janbu)法等。梅耶霍夫发现在砂土中单桩的 q_u 随着桩贯入持力层深度 l_b 的增加而逐渐增大，当嵌入深度比达到一临界值，即 $l_b/d = (l_b/d)_{cr}$，q_u 达到最大值 q_l，并保持为常数 q_l

$$q_l = 50 N_q^* \tan\varphi \tag{3-5}$$

在均质土层中 l_b 就等于实际的贯入深度 l，在多数实际情况下，l_b/d 值均大于临界值。所以，所有桩的 q_u 在计算中都采用 N_c^* 和 N_q^* 的最大值。N_c^* 和 N_q^* 的最大值随摩擦角 φ 的变化而变化，如图 3-10 所示。

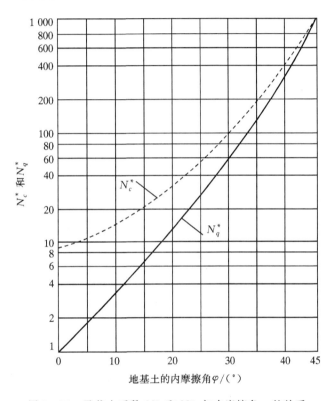

图 3-10　承载力系数 N_c^* 和 N_q^* 与内摩擦角 φ 的关系

基于现场观测的数据，梅耶霍夫还给出了均匀砂土中($l_b = l$)，根据标准贯入击数 N 计算 q_u 的表达式

$$q_u = 40N \frac{l}{d} \leqslant 400N \tag{3-6}$$

式中：N——桩端附近(桩端以上 $10d$ 到桩端以下 $4d$ 范围内)平均贯入击数。

对不排水条件下的饱和黏土($\varphi = 0$)中的桩

$$Q_{pu} = A_p c_u N_c^* = 9 A_p c_u \tag{3-7}$$

式中：c_u——桩端土的不排水抗剪强度，kPa。

对于具有 c_u 和 φ 值的黏土，极限桩端阻力可用式(3-4)计算。式(3-4)中的 N_c^* 可以表示为

$$N_c^* = (N_q^* - 1)\cot\varphi \tag{3-8}$$

杨布 1976 年提出的极限桩端端阻力公式和式(3-4)相同,但承载力系数 N_c^* 和 N_q^* 根据桩端处土的破坏面进行取值(如图 3-11)。承载力系数 N_c^* 采用式(3-8),N_q^* 可以用下面的公式计算

$$N_q^* = (\tan\varphi + \sqrt{1 + \tan^2\varphi})^2 \times e^{2\eta'\tan\varphi} \qquad (3-9)$$

式中,η' 的取值和定义如图 3-11 所示。

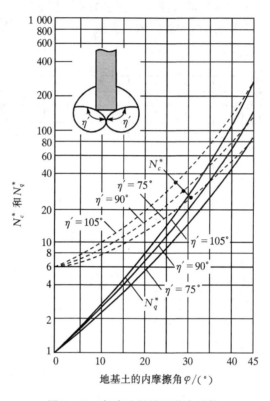

图 3-11　杨布法桩端承载力系数

图 3-11 中,承载力系数 N_c^* 和 N_q^* 随 φ 和 η' 的变化而变化,角度 η' 变化范围从黏土的大约 70°变化到密砂土的 105°左右。

不论采用哪种理论方法计算桩端极限端阻力 Q_{pu},都必须注意,只有当桩端位移达到桩宽的 10%～15%,Q_{pu} 才完全发挥,这是砂土中的临界值。

(2)桩侧极限阻力 Q_{su}

桩侧极限阻力 Q_{su} 可表示为

$$Q_{su} = u_p \sum f_i l_i \qquad (3-10)$$

式中:u_p——桩的截面周长,m;

　　l_i——第 i 层土中的桩长,m;

　　f_i——第 i 层土的单位面积摩阻力,kPa。

①砂土的单位面积摩阻力

$$f = K\sigma_v'\tan\delta \qquad (3-11)$$

式中:K——土压力系数;

　　σ'_v——所考虑土层深度处竖向有效应力,kPa;

　　δ——桩土间的摩擦角,°。

　　实际上,K 随灌入深度变化,在桩顶大约为朗肯被动土压力系数 K_p,而在桩端可能小于静止土压力系数 K_0。K 值还取决于桩的设置方法。基于目前的认识,可推荐以下 K 值:

　　钻孔桩或射水沉桩:$K = K_0 = 1 - \sin\varphi$;

　　小位移打入桩:$K_0 \leqslant K \leqslant 1.4K_0$;

　　大位移打入桩:$K_0 \leqslant K \leqslant 1.8K_0$。

　　式(3-11)中竖向有效应力 σ'_v 随灌入深度的增加而增大,在 15~20 倍桩径深度时,f 达到最大的极限值后保持不变。由于灌入深度取决于很多因素,如土的摩擦角、压缩性和相对密度,一般取 15 倍桩径的深度计算 σ'_v 和 f。大量的研究表明:δ 的值在(0.5~0.8)φ 的范围内变化。

　　1976 年,梅耶霍夫指出也可以通过平均标准贯入阻力值 $\overline{N}$ 推求平均单位面积摩阻力 f_{av}。

　　大位移打入桩:$\qquad\qquad\qquad f_{av} = 2\overline{N}\ \text{kN/m}^2$

　　小位移打入桩:$\qquad\qquad\qquad f_{av} = \overline{N}\ \text{kN/m}^2$ $\qquad\qquad$ (3-12)

　　②黏土的单位面积摩擦力。目前有几种方法确定黏土的摩擦力分别介绍。

　　a. λ 法。此法假设打桩位移在桩周土中产生水平被动土压力,平均单位面积摩擦力可以表示为

$$f_{av} = \lambda(\sigma'_{1v} + 2c_u) \qquad\qquad (3-13)$$

式中:σ'_{1v}——整个埋入深度的平均竖向有效应力,kPa;

　　　　c_u——桩端土的平均不排水抗剪强度,kPa;

　　　　λ——系数,其值随桩的入土深度而变化,如图 3-12 所示。

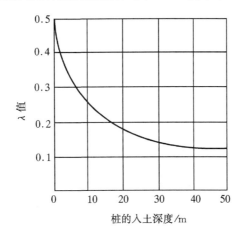

图 3-12　λ 值随入土深度的变化

　　b. α 法。根据 α 法,黏土中单位面积摩擦力用下式表示

$$f = \alpha c_u \qquad\qquad (3-14)$$

式中:α——经验黏着系数。

　　对正常固结黏土,α 值随不排水黏聚力 c_u 的变化而变化,如图 3-13 所示。

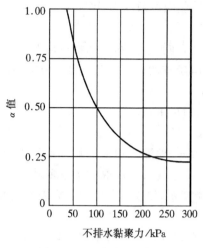

图 3 - 13　α 值与 c_u 关系

（3）嵌岩桩极限承载力

对嵌岩桩，桩的荷载全部作用在岩层中，此时需要估算岩层的承载力。岩层的极限承载力和岩石的无侧限抗压强度有以下关系

$$q_p = q_u(N_\varphi + 1) \qquad (3 - 15)$$

式中：N_φ——$\tan^2(45 + \varphi/2)$；

　　q_u——岩石的无侧限抗压强度，kPa；

　　φ——岩石的排水摩擦角。

在试验确定岩石的无侧限抗压强度时应注意，因为实验室试样通常尺寸较小，不能考虑裂隙对强度的影响，一般将无裂隙试样的实测值除以 5 作为 q_u。

（4）单桩容许竖向承载力

当桩的极限竖向承载力 Q_u 由桩端极限端阻力 Q_{pu} 和桩侧极限侧阻力 Q_{su} 确定，除以合理的安全系数得到单桩的容许竖向承载力，或称其为单桩竖向承载力特征值（《建筑地基基础设计规范》(GB 50007—2002)），其值 R_a 为

$$R_a = Q_u/F_s \qquad (3 - 16)$$

式中：R_a——单桩竖向承载力特征值；

　　F_s——安全系数，一般取 2.5～4.0。

【例 3 - 1】预应力钢筋混凝土桩的长度为 10 m，完全打入均质砂层中，桩为横截面边长为 300 mm 的方桩，砂的重度 $\gamma_d = 16.8$ kN/m³，平均摩擦角为 35°，桩端处的平均标准贯入击数为 14，分别用梅耶霍夫法和杨布法计算桩的极限桩端端阻力 Q_{pu}。

【解】因 $c = 0$，由式（3 - 7）得

$$Q_{pu} = q'N_q^* A_p$$
$$q' = \gamma_d l = 16.8 \times 10 = 168 \text{ kPa}$$

1. 梅耶霍夫法

平均摩擦角为 $\varphi = 35°$，查图 3 - 10 得

$$N_q^* \approx 120$$

则

$$Q_{pu} = q'N_q^* A_p = 168 \times 120 \times 0.3^2 = 1814 \text{ kN}$$

则由式(3-5)得

$$q_1 = 50N_q^* \tan\alpha = 50 \times 120 \times \tan35° = 4201 \text{ kPa}$$

所以

$$Q_{pu} = A_p q_1 = 0.3^2 \times 4201 = 378.1 < 1814 \text{ kN}$$

取 $Q_{pu} = 378.1$ kN,已知桩端处的平均标准贯入击数 $N = 14$,由式(3-6)可得

$$q_p = 40N \frac{l}{d} = 40 \times 14 \times \frac{10}{0.3} = 18667 \text{ kPa}$$

$$q_p \leqslant 400N = 5600 \text{ kPa}$$

取临界值 Q_{pu} 为

$$Q_{pu} = A_p q_p = 0.3^2 \times 5600 = 504 \text{ kN}$$

2. 杨布法

密砂土的 $\eta' = 105°$,据 $\alpha = 35°$,查图 3-13 得:$N_q^* \approx 24$,则

$$Q_{pu} = q' N_q^* A_p = 168 \times 24 \times 0.3^2 = 362.9 \text{ kN}$$

因用标准贯入击数计算的极限端承力 Q_{pu} 值较离散,取梅耶霍夫法和杨布法承载力公式计算值的平均值作为该桩的极限端承力,即

$$Q_{pu} = \frac{1}{2}(378.1 + 362.9) = 370.5 \text{ kN}$$

【例 3-2】在例 3-1 的条件中,用式(3-10)计算桩周土的单位面积侧阻力 f,并确定桩侧阻力 Q_{su}。

【解】由式(3-11)知任意深度的单位面积侧阻力为

$$f = K\sigma_v' \tan\delta$$

取深度极限 $l' = 15d = 15 \times 0.3 = 4.5$ m,故,在深度 $z = 0 \sim 4.5$ m,$\sigma_v' = \gamma z = 16.8z$,平均值 $\sigma_{vav}' = \frac{1}{2} \times 16.8 \times 4.5 = 37.8$ kPa;而 $z \geqslant 4.5$ m 时,$\sigma_v' = \gamma l' = 16.8 \times 4.5 = 75.6$ kPa,并保持不变。

对大位移打入桩,取 $K = 1.4K_0 = 1.4 \times (1 - \sin\alpha) = 1.4 \times (1 - \sin35°) = 0.6$。$z = 0 \sim l'$ 内的摩擦力

$$Q_{su} = u_p f l' = 4 \times 0.3 \times 0.6 \times 37.8 \times \tan21° \times 4.5 = 47 \text{ kN}$$

$z = l' \sim l$ 内的摩阻力

$$Q_{su} = u_p(l - l') f_{z=l'} = 4 \times 0.3 \times (10 - 4.5) \times 0.6 \times 75.6 \times \tan21° = 114.9 \text{ kN}$$

故总摩擦力 $Q_{su} = 47 + 114.9 = 161.9$ kN。

【例 3-3】若安全系数采用 3,估算上述例题中桩的容许竖向承载力。

【解】桩的极限承载力

$$Q_u = Q_{pu} + Q_{su} = 370.5 + 161.9 = 532.4 \text{ kN}$$

故容许竖向承载力

$$R_a = \frac{Q_u}{F_s} = \frac{532.4}{3} = 177.5 \text{ kN}$$

计算的容许承载力还应和桩身材料的容许抗压力(单桩竖向力设计值)相比,取其中较小值。

3. 经验公式确定单桩竖向承载力

利用经验公式确定单桩承载力的方法是一种沿用多年的传统方法,适用于各种桩型,尤其

是预制桩基积累的经验颇为丰富。所用的承载力参数是根据其与土性指标之间的换算关系，在利用当地的静载试验资料进行统计分析的基础上，通过必要的对比分析和调整而得出的。《建筑桩基技术规范》针对不同的常用桩型，推算了下述不同的估算表达式。

（1）一般预制桩及中小桩灌注桩

对预制桩和直径 $d<800$ mm 的灌注桩，单桩竖向极限承载力标准值 Q_{ck} 可按下式计算

$$Q_{ck} = Q_{sk} + Q_{pk} = u \sum q_{sik} l_i + q_{pk} A_p \qquad (3-17)$$

式中：Q_{sk}——单桩总极限侧阻力标准值，kN；

$\qquad Q_{pk}$——单桩总极限端阻力标准值，kN；

$\qquad q_{sik}$——桩侧第 i 层土的极限侧阻力标准值，kPa，采用当地经验取值，如无当地经验值时，可根据成桩方法与工艺按表 3-3 取值；

$\qquad q_{pk}$——极限端阻力标准值，kPa，如无当地经验值时，可表 3-4 取值。其余符号同前。

表 3-3　桩的极限侧阻力标准值 q_{sik}/kPa

土的名称	土的状态	混凝土预制桩	水下（冲）钻孔桩	沉管灌注桩	干作业钻孔桩
填土		20～28	18～26	15～22	18～26
淤泥		11～17	10～16	9～13	10～16
淤泥质土		20～28	18～26	15～22	18～26
黏性土	$I_L>1$	21～36	20～34	16～28	20～34
	$0.75<I_L\leqslant1$	36～50	34～48	28～40	34～48
	$0.50<I_L\leqslant0.75$	50～66	48～64	40～52	48～62
	$0.25<I_L\leqslant0.50$	66～82	64～78	52～63	62～76
	$0<I_L\leqslant0.25$	82～91	78～88	63～72	76～86
	$I_L\leqslant0$	91～101	88～98	72～80	86～96
红黏土	$0.7<a_w\leqslant1$	13～32	12～30	10～25	12～30
	$0.5<a_w\leqslant0.7$	32～74	30～70	25～68	30～70
粉土	$e>0.9$	22～44	22～40	16～32	20～40
	$0.75<e\leqslant0.9$	42～64	40～60	32～50	40～60
	$e\leqslant0.75$	64～85	60～80	50～67	60～80
粉细沙	稍密	22～42	22～40	16～32	20～40
	中密	42～63	40～60	32～50	40～60
	密实	63～85	60～80	50～67	60～80
中砂	中密	54～74	50～72	42～58	50～70
	密实	74～95	72～90	58～75	70～90
粗砂	中密	74～95	74～95	58～75	70～90
	密实	95～116	95～116	75～92	90～110
砾砂	中密、密实	116～138	116～135	92～110	110～130

注：①对于尚未完成自重固结的填土和以生活垃圾为主的杂填土，不计算其侧阻力

　　②a_w 为含水比

　　③对于预制桩，根据土层埋深 h，将 q_{sik} 乘以下表修正系数

表 3-4 修正系数表

土层深度 h/m	≤5	10	20	≥30
修正系数	0.8	1.0	1.1	1.2

(2)大直径灌注桩

对于桩径大于等于 800 mm 的大直径桩,其侧阻及端阻要考虑尺寸效应。侧阻的尺寸效应主要发生在砂、碎石类土中,这是因为大直径桩一般为钻、挖、冲孔灌注桩,在无黏性土的成孔过程中将会出现孔壁土的松弛效应,从而导致侧阻力降低。孔径越大,降幅越大。大直径桩的极限端阻力也存在着随桩径增大而呈双曲线式下降的现象。上述现象表明,在计算大直径桩的竖向受压承载力时,应考虑尺寸效应的影响。

根据现在研究成果,大直径桩的 Q_{uk} 可按下式计算

$$Q_{uk} = Q_{sk} + Q_{pk} = u \sum \Psi_{si} q_{sik} l_i + \Psi_p q_{pk} A_p \qquad (3-18)$$

式中:q_{sik}——桩侧第 i 层土的极限侧阻力标准值,无当地经验值时,也可按表 3-3 取值,对于扩底桩变截面以下不计侧阻力;

q_{pk}——桩径 $d = 800$ mm 时的极限端阻力标准值,可采用深层平板载荷试验确定;当不能按照深层平板载荷试验确定时,可采用当地经验值按表 3-3 取值;对于清底干净的干作业桩,可按表 3-5 取值。

Ψ_{si},Ψ_p——分别为大直径桩侧阻力、端阻力尺寸效应系数,按表 3-6 取值。

对于混凝土护壁的大直径挖孔桩,计算单桩竖向承载力时,其设计桩径取扩壁外直径。

表 3-5 干作业桩(清底干净,$d = 0.8$ m)极限端阻力标准值 q_{pk}

土名称		状 态		
黏性土		$0.25 < I_L \leq 0.75$	$0 < I_L \leq 0.25$	$I_L \leq 0$
		800~1800	1800~2400	2400~3000
粉土		$0.750 < e \leq 0.9$	$e \leq 0.75$	
		1000~1500	1500~2000	
砂土和碎石类土		稍密	中密	密实
	粉砂	500~700	800~1100	1200~2000
	细砂	700~1100	1200~1800	2000~2500
	中砂	1000~2000	2200~3200	3500~5000
	粗砂	1200~2200	2500~3500	4000~5500
	砾砂	1400~2400	2600~4000	5000~7000
	圆砾、角砾	1600~3000	3200~5000	6000~9000
	卵砾、碎石	2000~3000	3300~5000	7000~11000

注:①q_{pk} 取值宜考察桩端持力层的状态及桩进入持力层的深度效应,当进入持力层深度 h_0 为:$h_0 \leq D$,$D < h_0 < 4D$,$h_0 \geq 4D$ 时,q_{pk} 可分别取较低值、中值、较高值,D 为桩端扩底直径

②砂土密实度可根据标准贯入击数 N 判定,$N \leq 10$ 为松散,$10 < N \leq 15$ 为稍密,$15 < N \leq 30$ 为中密,$30 < N$ 为密实

③对于沉降要求不严时,可适当提高 q_{pk} 值

表 3-6 大直径桩侧阻力尺寸效应系数 Ψ_{si}、端阻力尺寸效应系数 Ψ_p

土类别	粉性土、粉土	砂土、碎石类土
Ψ_{si}	1	$(0.8/D)^{1/3}$
Ψ_p	$(0.8/D)^{1/4}$	$(0.8/D)^{1/3}$

注:表中 D 为桩端直径

(3)嵌岩桩

嵌岩桩是指下端嵌入中等风化、微风化或新鲜基岩中的桩。对于桩端置于强风化岩中的嵌岩桩,其承载力的确定可根据岩体的风化程度按砂土、碎石类土取值。

以前对于这类桩都是按纯端承桩计算承载力,近十多年的模型与原型试验研究表明,一般情况下,嵌岩桩只要不是很短,上覆层土的侧阻力能部分发挥作用。另外嵌岩深度内也有侧阻力作用,因而传递到桩端的应力随嵌岩深度增大而递减,当嵌岩深度达到 5 倍桩径时,传递时桩端的应力已接近于零。这说明桩端嵌岩深度一般不必过大,超过某一界限并无助于提高竖向承载力。

嵌岩桩单桩极限承载力标准值由桩周土总极限侧阻力、嵌岩段总极限侧阻力和总极限端阻力三部分组成,并可按下式计算:

$$Q_{uk} = Q_{sk} + Q_{rk} + Q_{pk} = u\sum\zeta_{si}q_{sik}l_i + u\zeta_s f_{rc}h_r + \zeta_p f_{rc}A_p \qquad (3-19)$$

式中:Q_{sk},Q_{rk},Q_{pk}——土的总极限侧阻力、嵌岩段总极限侧阻力、总极限端阻力标准值;

ζ_{si}——覆盖层第 i 层土的侧阻力发挥系数,当桩的长径比不大($l/d < 30$),桩端置于新鲜或微风化硬质岩中,且桩底无沉渣时,对于黏性土、粉土取 $\zeta_{si} = 0.8$,砂类土及碎石类 $\zeta_{si} = 0.7$,其他情况 $\zeta_{si} = 1.0$;

q_{sik}——第 i 层土的极限侧阻力标准值,kPa,根据成桩工艺按表 3-8 和表 3-9 取值;

f_{rc}——岩石饱和单轴抗压强度,kPa;

h_r——桩身嵌岩(中等风化、微风化、新鲜基岩)深度,超过 $5d$ 时,取 $h_r = 5d$,当岩层表面倾斜时,以坡下方的嵌岩深度为准;

ζ_s,ζ_p——嵌岩段侧阻力和端阻力修正系数,与嵌岩深度比 h_r/d 有关,按表 3-7 采用。

表 3-7 嵌岩段侧阻力和端阻力修正系数

嵌岩深度 h_r/d	0	0.5	1	2	3	4	$\geqslant 5$
侧阻修正系数 ζ_s	0	0.025	0.055	0.070	0.065	0.062	0.050
端阻力修正系数 ζ_p	0.50	0.50	0.40	0.30	0.20	0.10	0

注:当嵌岩段为中等风化岩时,表中数值乘以 0.9 折减。此外,《建筑桩基技术规范》指出,确定单桩竖向极限承载力标准值尚需满足下列规定:

①一级建筑桩基采用现场静荷载试验,并结合静力触探、标准贯入等原位测试方法综合确定

②二级建筑桩基应根据静力触探、标准贯入、经验参数等估算,并参照地质条件相同的试桩资料综合确定,无可参照的试桩资料或地质条件复杂时,应由现场静荷载试验确定

③三级建筑桩基,如无原位测试资料,可利用承载力经验参数估算

表 3-8　桩的极限桩端阻力标准值 q_{pk}

土的名称	桩型	预制桩入土深度/m				水下钻(冲)孔桩入土深度/m			
	土的状态	$h \leqslant 9$	$9 < h \leqslant 16$	$16 < h \leqslant 30$	$h > 30$	5	10	15	$h > 30$
黏性土	$0.75 < I_L \leqslant 1$	210~840	630~1300	1100~1700	1300~1900	100~150	150~250	250~300	300~450
	$0.5 < I_L \leqslant 0.75$	840~1700	1500~2100	1900~2500	2300~3200	200~300	350~450	450~550	550~750
	$0.25 < I_L \leqslant 0.5$	1500~2300	2300~3000	2700~3600	3600~4400	400~500	700~800	800~900	900~1000
	$0 < I_L \leqslant 0.25$	2500~3800	3800~5100	5100~5900	5900~6800	750~850	1000~1200	1200~1400	1400~1600
粉土	$0.75 < e \leqslant 0.9$	840~1700	1300~2100	1900~2700	2500~3400	250~350	300~500	450~650	650~850
	$e \leqslant 0.75$	1500~2300	2100~3000	2700~3600	3600~4400	550~800	650~900	750~1000	850~1000
粉砂	稍密	800~1600	1500~2100	1900~2500	2100~3000	200~400	350~500	450~600	600~700
	中密、密实	1400~2200	2100~3000	3000~3800	3800~4600	400~500	700~800	800~900	900~1100
细砂	中密、密实	2500~3800	3600~4800	4400~5700	5300~6500	550~650	900~1000	1000~1200	1200~1500
中砂		3600~5100	5100~6300	6300~7200	7000~8000	850~950	1300~1400	1600~1700	1700~1900
粗砂		5700~7400	7400~8400	8400~9500	9500~10300	1400~1500	2000~2200	2300~2400	2300~2000
砾砂	中密、密实	6300~10500				1500~2500			
角砾、圆砾		7400~11600				1800~2800			
碎石、卵石		8400~12700				2000~3000			

表 3-9　桩的极限桩端阻力标准值 q_{pk}

土的名称	桩型	沉管灌注桩入土深度/m				干作业钻孔桩入土深度/m		
	土的状态	5	10	15	> 15	5	10	15
黏性土	$0.75 < I_L \leqslant 1$	400~600	600~750	750~1000	1000~1400	200~400	400~700	700~950
	$0.5 < I_L \leqslant 0.75$	670~1100	1200~1500	1500~1800	1800~2000	420~630	740~950	950~1200
	$0.25 < I_L \leqslant 0.5$	1300~2200	2300~2700	2700~3000	3000~3500	850~1100	1500~1700	1700~1900
	$0 < I_L \leqslant 0.25$	2500~2900	3500~3900	4000~4500	4200~5000	1600~1800	2200~2400	2600~2800
粉土	$0.75 < e \leqslant 0.9$	1200~1600	1600~1800	1800~2100	2100~2600	600~1000	1000~1400	1400~1600
	$e \leqslant 0.75$	1800~2200	2200~2500	2500~3000	3000~3500	1200~1700	1400~1900	1600~2100
粉砂	稍密	800~1300	1300~1800	1800~2000	2000~2400	500~900	1000~1400	1500~1700
	中密、密实	1300~1700	1800~2400	2400~2800	2800~3600	850~1000	1500~1700	1700~1900

细砂		1800～2200	3000～3400	3500～3900	4000～4900	1200～1400	1900～2100	2200～2400
中砂	中密、密实	2800～3200	4400～5000	5200～5500	5500～7000	1800～2000	2800～3000	3300～3500
粗砂		4500～5000	6700～7200	7700～8200	8400～9000	2900～3200	4200～4600	4900～5200
砾砂		5000～8400						
角砾、圆砾	中密、密实	6700～10000			3200～5300			
碎石、卵石								

注：①对于砂土和碎石类土，要综合考虑土的密实度、桩端进入持力层的深度比 h_b/d 确定，土越密实，h_b/d 越大，取值越高

②表中沉管灌注桩指带预制桩尖沉管灌注桩

4.其他现场试验方法

（1）动测桩法

利用大应变的动测桩，也可对单桩竖向承载能力进行测定，但精度不十分可靠。一般用于施工后对工程桩的单桩竖向承载力进行检测，或者作为单桩静载试验的辅助检测手段。

（2）深层平板荷载试验

当桩端持力层为密实砂卵石或其他坚硬土层时，对于单桩承载能力很高的大直径端承桩，可采用深层平板荷载试验确定桩端承载力特征值。深层平板荷载试验采用刚性承压板直径为 800 mm，并且紧靠承压板周围的外侧土层高度不少于 0.8 m。桩端承载力的特征值可直接取试验 P-S 曲线的比例界限对应的荷载值，也可以取极限荷载的一半；不能按上述两种确定时，可取 $S/d=0.01～0.015$ 所对应的荷载值，作为单位面积桩端承载力的特征值，但不能大于最大加载下单位面积压力值的一半。

（3）岩基荷载试验

试验采用圆形的刚性承压板，直径为 300 mm。当岩石埋藏深度较大时，可采用钢筋混凝土桩试验，但需采用措施清除桩周的侧摩阻力，取试验 P-S 线直线段的终点为比例界限，作为岩石地基承载力特征值，或者取极限承载力除以安全系数 3.0 为桩端承载力的特征值。

3.4 桩的抗拔承载力与水平承载力

3.4.1 桩的抗拔承载力

自重比较轻而水平荷载又比较大的高耸结构物的桩基，或地下室承受地下水的浮力作用而自重不足时的桩基，可能承受上拔荷载。此时必须验算桩的抗拔承载能力，单桩抗拔极限承载力可用抗拔试验测定或用经验方法确定。

深埋的轻型结构和地下结构的抗浮桩、冻土地区受到冻拔的桩、高耸建筑物受到较大倾覆力之后，往往都会发生部分或全部桩承受上拔力的情况，应对桩基进行抗拔验算。

当桩受到抗拔荷载时，桩相对于土向上运动，这使得桩周土产生的应力状态、应力路径和

土的变形都不同于承压桩的情况,所以抗拔的摩阻力一般小于抗压的摩阻力。尤其是砂土中的抗拔摩阻力比抗压的小得多。而在饱和黏土中,较快的上拔可在土中产生较大的负超静孔隙水压力,可能会使桩的拉拔更困难,但由于其不可靠,所以一般不计入抗拔力中。在拔拉荷载下的桩基础可能会发生两种拔出的情况,即单桩的拔出与群桩体的拔出,这取决于哪种情况提供的抗力较小。

由于对桩的抗拔机理的研究不够充分,所以对于重要的建筑物和在没有经验的情况下,最有效的单桩抗拔承载力的确定方法是进行现场单桩抗拔静荷载试验。对于非重要的建筑物,在没有当地经验时,可按照式(3-20)进行单桩抗拔承载力的特征值计算

$$T_a = \sum_{i=1}^{n} \lambda_{pi} q_{sia} u_p h_i \qquad (3-20)$$

式中:T_a——单桩抗拔承载力特征值,kN;

$\quad u_p$——桩的截面周长,m;

$\quad h_i$——第 i 层土的深度,m;

$\quad \lambda_{pi}$——第 i 层土的抗拔折减系数,可参考表3-10取值;

$\quad q_{sia}$——第 i 层土的桩侧阻力特征值,可按照表3-3取值,也可按表3-4的 q_{sk} 值除以2。

表 3-10　抗拔系数 λ_p

土类	λ_p
砂土	0.5～0.7
黏性土、粉土	0.7～0.8

注:桩长 l 与桩径 d 之比小于 20 时 λ_p 取小值

单桩的抗拔验算可用式(3-21)进行

$$N_k \leqslant T_s + \gamma_G G_p \qquad (3-21)$$

式中:N_k——相应于荷载效应标准组合,单桩的极限抗拔力,kN;

$\quad T_s$——上拔桩的极限桩侧阻力,kN;

$\quad G_p$——单桩自重的标准值,地下水位以下扣除浮力,kN;

$\quad \gamma_G$—永久荷载的分享系数,取为 0.9。

3.4.2　桩的水平承载力

高层建筑和高耸结构物承受风荷载或地震荷载时,传给基础很大的水平力和力矩,依靠桩基的水平承载力来平衡。桩在水平力作用下的工作机理不同于竖向力作用下的工作机理。在竖向力作用下,桩一般受压,而桩身材料的抗压强度比较高,竖向的承载力一般由土的破坏条件控制。但在水平力和力矩作用下,桩为受弯构件,桩身产生水平变位和弯曲应力。外力的一部分由桩身承担,另一部分通过桩传给桩侧土体。随着水平力和力矩增加,桩的水平变位和弯矩也将增大,当桩顶或地面变位过大时,将使桩身断裂。对于桩侧,随着水平力和力矩的增大,土体由地面向下逐渐产生塑性变形,在一定范围内产生塑性破坏,而下部的土仍处于弹性状态。因此在选取水平承载力时,应同时满足桩的水平变位小于上部结构所容许的水平变位,桩的最大弯矩小于桩身材料所容许的弯矩。研究桩基的水平承载力,必须研究单桩在水平荷载下的性状。

1. 单桩水平承载力

桩在水平荷载的作用下发生变位,会使桩周土发生变形产生抗力。当水平荷载较低时,这一抗力主要由靠近地面部分的土提供的,土的变形也主要是弹性压缩变形;随着荷载加大,桩的变形也加大,表层土将逐步发生塑性屈服,从而使水平荷载向更深土层传递;当变形增大到桩所不能允许的程度,或者桩周土失去稳定时,就达到了桩的水平荷载极限承载能力。

单桩水平承载力,也如竖向抗压承载力一样,应满足如下三个要求:

①桩周土不会丧失稳定;

②桩身不会发生断裂破坏;

③不会因桩顶水平位移过大而影响建筑物正常使用。

为保证建筑物能正常使用,按工程经验,应控制桩顶水平位移不大于 10 mm,而对于水平位移影响显著的建筑物,则不应大于 6 mm。

另外,桩顶的嵌固条件和群桩中各桩相互间影响也对单桩水平承载力有影响。当有刚性承台约束时,桩顶不能转动,只能平动,在同样的水平荷载下,它使承台的水平位移减小,而使桩顶的弯矩加大。

2. 单桩水平静载荷试验

单桩水平静载荷试验是分析桩在水平荷载作用下的性状的重要手段,也是确定单桩水平承载力最可靠的方法。常规试验主要通过测定水平荷载与桩顶位移,以及加载与卸载循环次数或历时的关系,确定单桩水平承载力;特殊试验则同时借助专用仪器测定桩身内力和变形曲线,进一步揭示桩在水平荷载作用下的性状。

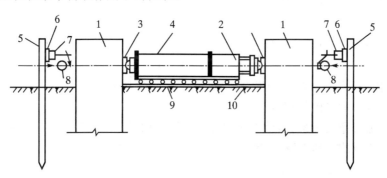

图 3-14　单桩水平静载荷试验装置

1—试桩;2—千斤顶;3—球面支座;4—传力杆;5—基准桩;

6—基准梁;7—磁性表座;8—百分表;9—滚管支座;10—垫板

单桩水平载荷的试验装置与试验方法不同于单桩竖向载荷试验。

①试验装置。包括加荷系统和位移观测系统。加荷系统采用可以在水平向施加荷载的"旋式千斤顶";位移观测系统采用基准梁上安装百分表或电感位移计的方法(见图 3-14)。

②试验方法。根据风荷载的性质,采用不同的试验方法。模拟风浪、地震等动力水平荷载,采用循环荷载试验方法;模拟桥台、挡墙等长期静止水平荷载,则采用连续加载试验方法。

③成果资料。包括:常规循环荷载试验一般绘制"水平力-时间-位移"($H_0 - t - x_0$)曲线(图 3-15(a));连续荷载试验常绘制"水平力-位移"($H_0 - x_0$)曲线(图 3-15(b))、"水平力-位

移梯度"$(H_0 - \frac{\Delta x_0}{\Delta H_0})$曲线(图 3 - 15(c));特殊试验可绘制"水平力-最大弯矩截面钢筋应力"$(H_0 - \sigma_g)$曲线(图 3 - 15(d))、"桩身位移-深度"$(x_z - z)$曲线和"桩身弯矩-深度"$(M_z - z)$曲线以及"水平力-最大弯矩"$(H_0 - M_{max})$等曲线。利用循环荷载试验资料取每级循环荷载下的最大位移值作为该级荷载下的位移值,亦可绘制其他各种关系曲线。

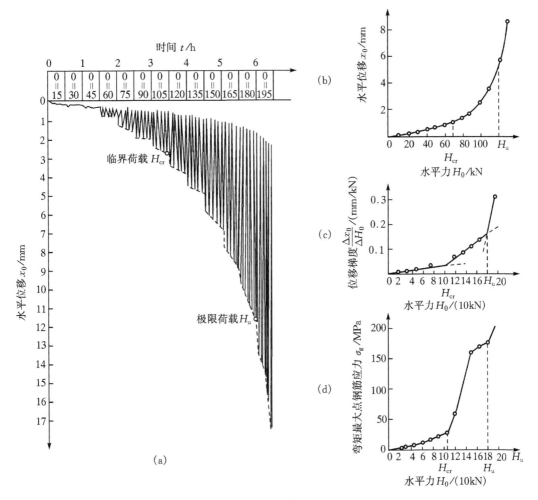

图 3 - 15　单桩水平静载荷试验成果曲线

(a)水平力-时间-水平位移曲线;(b)水平力-位移曲线;

(c)水平力-位移梯度曲线;(d)最大弯矩断面钢筋应力曲线

3. 按试验结果确定单桩水平承载力

(1)单桩水平临界荷载

单桩水平临界荷载 H_{cr} 指受拉区混凝土退出工作前所受最大荷载,通常取单桩水平临界荷载为单桩水平承载力。单桩水平临界荷载 H_{cr} 按下列方法综合确定:

①取循环荷载试验 $H_0 - t - x_0$ 曲线突变点前一级荷载为 H_{cr}(图 3 - 15(b));

②取 $H_0 - \Delta x_0/\Delta H_0$ 曲线第一直线段终点或 $\lg H_0 - \lg x_0$ 曲线拐点所对应的荷载为 H_{cr},

（图 3 - 15(c)）；

③取钢筋应力曲线的第一突变点对应的荷载（图 3 - 15(d)）。

（2）单桩水平极限荷载

单桩水平极限荷载 H_u 指桩身材料破坏或产生结构所能承受变形前的最大荷载。单桩水平极限荷载可按下列方法综合确定：

①取 $H_0 - t - x_0$ 曲线明显陡降的前一级荷载为 H_u（图 3 - 15(a)）；

②取 $H_0 - \Delta x_0 / \Delta H_0$ 曲线第二直线段的终点所对应的荷载为 H_u（图 3 - 11(c)）；

③取桩身折断或钢筋应力达到流限的前一级荷载为 H_u（图 3 - 15(c)）。

（3）单桩在水平荷载作用下的工作性状

综合试验研究结果，单桩在水平荷载下的性状可简要归纳为以下几点：

①桩在一定水平荷载范围内（$0 < H < H_{cr}$），经受任一级水平荷载反复作用时，桩身位移逐渐趋于某一稳定值，而且卸载后，变形大部分可以恢复，说明这时桩、土处于弹性状态。

②H_{cr} 是一个标志点，当水平力超过临界荷载（$H > H_{cr}$）后，在相同的增量荷载条件下，桩的位移增量比前一级明显增大；而且在同一级荷载下，桩的位移随着加卸载循环次数的增加而逐渐增大；不过在水平力小于极限水平荷载 H_u 时，每次循环引起的位移增量仍呈减小趋势，使得位移包络线呈微向上弯曲的形状。

③H_u 是一个突变点，当 $H > H_u$ 时，桩的位移速率突然增大（连续加载时），或同一级荷载的每次循环都使位移增量加大（循环加载时）。位移曲线的曲率突然增大（连续加载时）或位移的包络线变成向下弯曲的形状（循环加载时），同时桩周土出现裂缝，明显破坏。

④水平荷载试验的 $H - x$ 关系曲线形状类似于竖向荷载试验的 $Q - S$ 曲线，被特征点 H_{cr} 和 H_u 划分为三段：直线变形阶段、弹塑性变形阶段和破坏阶段。处于直线变形阶段，桩的工作状态是安全的，后面的论述将进一步说明，也只有在小变形条件下，土体的抗力才能有效发挥出来。

⑤在水平荷载作用下，桩与土的变形主要发生在上部。土中应力区和塑性区的主要范围也在上部浅土层，一般在地下 5～10 m 深度以内。因此，桩周土中对桩的水平工作性状影响最大的是地表土和浅层土。改善浅部土层的工程性质可收到事半功倍的效果。

4. 水平荷载下单桩位移和内力的计算

水平荷载下，单桩的计算方法较多，本书仅介绍常用的 m 法。所谓 m 法是一种线弹性地基反力法，即桩土之间的相互作用力与桩变位成正比，水平地基抗力系数随深度呈线性增加。m 法的求解通常有两种方法：一种是解析法，利用数学方法直接求解桩的挠曲微分方程，再从力的平衡条件求出桩各部分的内力和位移；另一种是数值方法，如采用基于地基系数的有限单元法或有限差分法。

m 法指假定土抗力系数 $k_n(z)$ 随深度线性增大，即 $k_n(z) = c(z_0 + z)^n$ 中，$c = m$，$z_0 = 0$，$n = 1$，$k_n(z) = mz$，适用于正常固结黏性土和一般砂土，计算方便，适用于位移较大的情况，被我国建筑、铁路、公路、港工等设计规范广为采用。

按 m 法的假定，$k_n = mz$，并设 $\alpha = \sqrt[5]{\dfrac{mb_1}{EI}}$，可以得到公式

$$EI \frac{\mathrm{d}^4 x}{\mathrm{d}z^4} + p(z, x) = 0 \qquad\qquad (3 - 22)$$

式中：$p(z,x) = b_1\sigma(z,x) = b_1 k_h(z)x(z)$；

　　　EI——桩身横向抗弯刚度（E 为桩身弹性模量、I 为截面惯性矩），$kN \cdot m^2$；

　　　$z,x(z)$——桩身断面的深度与该断面的水平位移，m；

　　　$k_h(z)$——沿深度变化的地基土水平抗力系数。

可写成

$$\frac{d^4 x}{dz^4} + \alpha^5 zx = 0 \tag{3-23}$$

式中：α——桩的变形系数，m^{-1}；

　　　m——地基土水平抗力系数的比例常数，kN/m^4；

　　　b_1——桩的计算宽度，m；

　　　EI——桩身抗弯刚度，对于钢筋混凝土桩，E 为抗弯弹性模量，I 为截面惯性矩。

　　公式（3-22）是一个四阶线性变系数奇次常微分方程，利用幂级数展开的方法和边界条件，以及梁的挠度 $x(z)$、转角 $\varphi(z)$、弯距 $M(z)$ 和剪力 $V(z)$ 之间的微分关系，可以求得桩身内力与变形的全部解，即公式（3-23）。

3.5　群桩基础及其承载力

　　前面几节分析了单桩承受竖向荷载和水平荷载的能力，这是构成桩基础承载能力最基本的要素。但在实际工程中，大多数情况下并不是由一根桩单独承担荷载，而是由承台将若干根桩连成一个整体形成群桩共同承担外荷载。由于群桩是一个复杂的传力体系，群桩的承载性能不同于单桩，具有独特的性质。因此，本节主要讨论承受竖向荷载的群桩基础的设计问题。

3.5.1　群桩效应

　　由多根桩通过承台联成一体所构成的群桩基础，与单桩相比，在竖向荷载作用下，不仅桩直接承受荷载，而且在一定条件下桩间也可能通过承台底面参与承载。同时各个桩之间通过桩间土产生相互影响，来自桩和承台的竖向力最终在桩端平面形成了应力的叠加，从而使桩端平面的应力水平大大超过单桩，应力扩散的范围也远大于单桩，这些方面影响的综合结果就使群桩的工作性状与单桩有很大的差别。这种桩与土和承台的共同作用的结果称为群桩效应。正确认识和分析群桩的工作性状是搞好桩基设计的前提。

　　一般情况下，承台浇筑在群桩上，群桩和承台基础如图 3-16 所示。一般将与地基土接触的承台，称为低桩承台或贴地承台，但在近海（石油）平台的结构中，承台可能在地面或水面以上。当桩设置得很近时（实际工程中，桩轴心的间距 s 通常保持在 $3\sim 4d$），由于桩侧摩阻力的扩散作用，各桩在桩侧和桩端平面产生应力重叠，即群桩效应（如图 3-17 所示）。群桩效应主要体现在两方面：一方面，桩间土向下的位移变大，桩土相对位移变小，影响了侧阻力的发挥；另一方面，增大桩端以下土层的压缩量，使群桩的承载力小于单桩承载力之和，同时群桩沉降量也可能大于单桩的沉降量，这就是群桩效应引起的结果。群桩效应对于端承型群桩和摩擦型群桩的影响是不一样的。

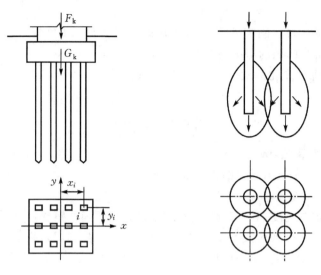

图 3-16 群桩和承台基础   图 3-17 群桩效应

1. 端承型群桩基础

端承型桩基的桩底持力层刚硬,由桩身压缩引起桩顶沉降不大,因而承台底面土反力(接触应力)很小。这样,桩顶荷载基本上集中通过桩端传给桩底持力层,并近似地按某一压力扩散角 α 向下扩散(图 3-18),且在距桩底深度为 $h=(s_a-d)/(2\tan\alpha)$ 之下产生应力重叠,但并不足以引起持力层明显的附加变形。因此,端承型群桩基础中各基础的工作性状接近于单桩,群桩基础承载力等于各基桩的相应单桩承载力之和,群桩效应系数 $\eta=1$。

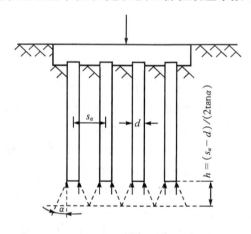

图 3-18 端承桩群桩基础

2. 摩擦型群桩基础

摩擦型群桩效应与端承型群桩不同,群桩效应如图 3-19 所示。当单桩(图 3-19(a))桩顶荷载 Q 主要通过桩侧阻力引起压力扩散角 α 范围内桩周土中的附加压力。桩在端桩平面上的附加压力分布面的直径为 $D=d+2l\tan\alpha$。当摩擦桩群桩(图 3-19(b))各桩距 $s_a<D$ 时,群桩桩端平面上的应力因各邻桩桩周扩散应力的相互重叠增大(图中虚线所示)。当为群桩时,摩擦型群桩的沉降大于单桩,对非条形承台下、按常用桩距布桩的群桩,桩数愈多则群桩与

单桩的沉降量之比愈大。摩擦型群桩基础的荷载-沉降曲线属缓变型,群桩效率系数可能 $\eta <$ 1,也可能 $\eta > 1$。

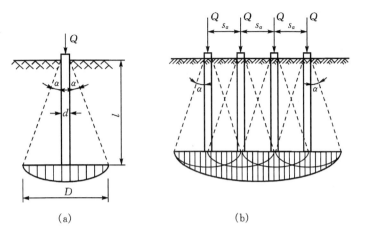

图 3-19　摩擦型桩的桩顶荷载通过侧阻扩散形成低桩端平面应力分布
(a)单桩;(b)群桩

如果桩距过小($s_a < 3d$),则桩长范围内和桩端平面上的土中应力重叠严重。桩长范围内的重叠使桩间土明显压缩下移,导致"桩-土界面"相对滑移减少,从而降低桩侧阻力的发挥程度;桩端平面上的重叠则导致基桩底面外侧竖向压力的增大,再加上邻桩的靠近,其结果都使桩底持力层的侧方挤出受阻,从而提高桩端阻力。此外桩距的缩短还会加大各桩桩顶荷载配置额的差异。反之,如果桩距很大($s_a > D$,一般大于 $6d$),以上各项影响都将趋于零,而基桩的工作性状接近于单桩了。所以说,桩距是影响摩擦型群桩基础群桩效应的主要因素。

群桩效应主要表现在承载力和沉降两个方面,由于群桩影响而使承载力降低可以用群桩效应系数表示,而群桩沉降的增大可以用沉降比表示。采用这两系数将群桩与单桩的性质作定量的比较,并以此来评价群桩的工作性能。

群桩效应系数 η 可定义为

$$\eta = \frac{Q_{g(u)}}{\sum Q_u} \tag{3-24}$$

式中:η——群桩效应系数;

$Q_{g(u)}$——群桩极限承载,kN;

Q_u——无群桩效应的单桩极限承载力,kN。

沉降比 ζ 是指在每根桩承担相同荷载条件下,群桩沉降量 s_n 与单桩沉降量 s 之比,即

$$\zeta = \frac{s_n}{s} \tag{3-25}$$

群桩效应系数 η 越小、沉降比 ζ 越大,则表示群桩效应越强,也就意味着群桩承载力越低、沉降越大。

群桩效应系数 η 和沉降比 ζ 的定量评价是一个复杂的问题,受多种因素的影响。模型试验表明,它们主要取决于桩距和桩数,其次与土质、土层构造、桩径、桩的类型及排列方式等因素有关。就一般情况而言,在常规桩距($3\sim 4d$)下,黏性土中小群桩(桩数小于 9)的群桩效应

系数 η 和沉降比 ζ 并不很大,但大群桩(桩数大于9)则不同,群桩效应随着桩数的增加而明显下降,且 $\eta<1$,同时沉降比迅速增大,ζ 可以从2增大到10以上;砂土中的挤土桩群,有可能 $\eta>1$。而沉降比则除了端承桩 $\zeta=1$ 外,均为 $\zeta>1$。

3.5.2 群桩荷载传递及变形

单桩承载力的试验与确定是桩基础设计的基本资料,但实际上桩基础的工作状态并不是单桩的简单叠加,群桩的荷载传递也不同于单桩的荷载传递机理,因此必须研究群桩的荷载传递。

1. 群桩荷载传递

群桩的荷载传递是指通过承台和桩,在土体中扩散应力,将外荷载沿不同的路径传到地基的不同部位,从而引起不同的变形,表现为群桩的不同承载性能。

(1)荷载传递的基本模式

群桩的荷载传递路径受到许多因素的影响而显得复杂又多变。但从群桩效应的角度,荷载传递模式主要有两类:端承桩型和摩擦桩型。

①端承桩型的荷载传递。由于桩端持力层比较坚硬,桩底的沉降极小,更不会发生刺入变形,桩顶的沉降主要由桩身压缩量引起,其数值比较小,一般都小于承台下土的压缩量,所以承台下土不会受力。除了很长的桩以外,桩土相对位移很小,桩侧摩阻力难以发挥出来,以至桩间和桩端以下土中应力叠加不明显,就是说端承桩群的群桩效应十分微弱,可以忽略不计,因此端承桩群中的每一根桩仍像单桩一样工作。

②摩擦桩型的荷载传递。摩擦桩群的情况和端承桩相反,由于荷载主要通过桩的侧面,通过桩侧摩阻力向周围土体中传递,应力随着深度逐渐扩散,常规桩距下,桩与桩之间必然相互影响。桩周和桩端平面以下土中的应力互相叠加,所以群桩效应十分显著。由此可见,只有摩擦桩群才有群桩效应问题,才需要考虑群桩问题。因此,以下关于群桩的讨论均指非端承桩群。

(2)群桩地基的应力状态

群桩地基包括桩间土、桩群外承台下土体以及桩端以下土体三部分;群桩地基中的应力包含三部分:自重应力、附加应力和施工应力。

①附加应力。附加应力来自承台底面的接触压力、桩侧摩阻力以及桩底压力。在一般桩距($3\sim4d$)下应力互相叠加,使群桩桩周土与桩底土中的应力都大大超过单桩,且影响深度和压缩层厚度均成倍增加,从而使群桩的承载力低于单桩承载力之和,群桩的沉降与单桩沉降相比,不仅数值增大,而且形成机理也不相同。

②施工应力。施工应力是指挤土桩沉桩过程中对土体产生的挤压应力和超静孔隙水压力。在施工结束以后,挤压应力将随着土体的压密而逐渐消失;超静水压力也会随着固结排水而逐渐消失。因此,施工应力是暂时的,但它对群桩的工作状态有一定影响:土体压密和孔压消失使有效应力增大,土的强度也随之增强,从而使桩的承载力提高,但桩间土固结下沉会对桩产生负摩阻力,并可能使承台底面脱空。

③应力的影响范围。群桩应力的影响深度和宽度大大超过单桩,桩群的平面尺寸越大,影响深度越大,且应力随着深度而收敛得越慢,这是群桩沉降大大超过单桩的根本原因。

④桩身摩阻力与桩端阻力的分配。

　　由于应力的叠加,群桩桩端平面处的竖向应力比单桩明显增大,因此群桩中每根桩的单位端阻力也较单桩有所增大。此外,桩间土体由于受到承台底面的压力而产生一定沉降,从而使桩侧摩阻力有所削弱,因此使得群桩中的桩阻力占桩顶总荷载的比例亦高于单桩。桩越短,这种情况越显著。群桩荷载传递的这一特性,为采用实体深基础模式计算群桩的承载力和沉降提供了一定的理论依据。

2. 群桩的变形特性

　　群桩的变形特性主要指作为群桩沉降 s 组成部分的桩间土的压缩 s_1 和桩下土的压缩 s_2 之间的关系及其影响因素。模型试验中,群桩的变形依靠桩基支撑条件的不同而分为两类。

　　(1)纯摩擦桩群

　　纯摩擦桩群的沉降特性与桩数、桩距以及荷载水平密切相关。

　　①在常规桩距($3\sim4d$)下,桩数是决定性的因素,随着桩数的增加,主要压缩层逐渐下移。较小的群桩(桩数 $n\leqslant9$)沉降主要表现为桩间土的压缩;对于较大的群桩($n>9$),其沉降主要压缩区移到桩尖平面以下。

　　②桩距增大时,桩间土压缩量所占比例上升。

　　③荷载水平的影响表现为:当荷载由 $Q_u/2$ 增至 $1.2Q_u$ 时,在常规桩距下,小群桩($n\leqslant9$)沉降量的增加主要是桩间土压缩量的增大,且主要压缩层上移;大群桩则主要是桩下土压缩量的增加;在较大桩距下,即使是大群桩,沉降亦主要表现为桩间土的压缩。

　　(2)支承摩擦桩群

　　由于桩端持力层比较硬,在通常设计荷载下不会发生刺入变形,其沉降主要表现为桩下土的压缩变形 s_2。若桩间土为欠固结状态,亦可能发生固结变形,但这种变形并不反应到群桩沉降中去。仅当荷载水平接近极限荷载,桩端发生刺入变形时,桩间土才会受到压缩,此时群桩沉降包含两部分,即 $s=s_1+s_2$。

3.5.3　群桩竖向承载力的确定

　　在桩基础设计中,需要求解群桩中基桩的竖向水载力设计值 R,由于群桩在竖向荷载作用下存在群桩效应问题,所以基桩竖向承载力一般不等于各单桩承载力之和。目前工程中求解群桩中基桩竖向承载力主要有两种方法。

1. 群桩分项效应系数法

　　应用《建筑桩基技术规范》(JGJ 94—2008),以概率极限状态设计法为指导,通过对实测数据的统计分析,将单桩的侧阻力和端阻力分别乘以群桩效应系数,从而得到基桩竖向承载力设计值 R 的方法,称为群桩分项效应系数法。该方法取荷载效应的基本组合。

2. 实体基础法

　　应用《建筑地基基础规范》,把承台、桩和桩间土视为一假想的实体基础,进行基础下地基承载力和变形验算的方法,称为实体基础法。该方法取荷载效应的标准组合。

　　此处主要介绍《建筑桩基技术规范》(JGJ 94—2008)中的群桩分项效应系数法。

　　(1)基桩竖向承载力设计值 R

　　考虑群桩效应后,对单桩竖向极限承载力标准值进行分项系数处理后得到的承载力值。在桩基础设计中,采用基桩竖向承载力设计值来进行群桩基础的设计计算。

桩基础的群桩效应很难通过纯理论方法来求解。根据大量桩侧阻力、端阻力、承台土阻力测试结果,《建筑桩基技术规范》(JGJ 94—2008)给出了各项群桩效应系数值,这些系数值随桩基础的地基土层类别、桩距、桩径、承台宽、桩长等因素的改变而发生变化。

(2)各项群桩效应系数数值定义

侧阻群桩效应系数
$$\eta_s = \frac{群桩中基桩平均极限侧阻力}{单桩平均极限侧阻力}$$

端阻群桩效应系数
$$\eta_p = \frac{群桩中基桩平均极限端阻力}{单桩平均极限端阻力}$$

侧阻端阻综合群桩效应系数
$$\eta_{sp} = \frac{群桩中各基桩平均极限承载力}{单桩平均极限承载力}$$

承台土阻力群桩效应系数
$$\eta_c = \frac{群桩承台底平均极限土阻力}{承台底地基土极限承载力标准值}$$

从而可求得复合基桩或基桩的竖向承载力设计值 R。

(3)基桩竖向承载力设计值 R

当确定了单桩竖向极限承载力的标准值 Q_{uk} 后,即可进行群桩中的基桩竖向承载力的设计值 R 的计算。对于桩数超过 3 根的非端承型群桩复合桩基,宜考虑群桩、土、承台的相互作用。

①由经验参数法确定单桩竖向极限承载力标准值 Q_{uk} 时,复合基桩的竖向承载力设计值 R 为

$$R = \frac{\eta_s Q_{sk}}{\gamma_s} + \frac{\eta_p Q_{pk}}{\gamma_p} + \frac{\eta_c Q_{ck}}{\gamma_c} \tag{3-26}$$

②由静载荷试验法来确定复合基桩竖向承载力设计值 R。由于静载荷试验中确定单桩竖向极限承载力标准值 Q_{uk} 时,已综合考虑了桩侧摩阻力和桩端阻力等因素的影响,当 $Q_{ck} = \frac{q_{ck} A_c}{n}$ 时,基桩竖向承载力设计值 R 为

$$R = \frac{\eta_{sp} Q_{uk}}{\gamma_{sp}} + \frac{\eta_c Q_{ck}}{\gamma_c} \tag{3-27}$$

式中:γ_s,γ_p,γ_{sp},γ_c——桩侧阻、桩端阻、桩侧阻端阻综合抗力及承台底土阻力分项系数,可按表 3-11 取值。

η_s,η_p,η_{sp}——分别为桩侧阻、桩端阻、桩侧阻端阻综合群桩效应系数,可按表 3-12 取值。

Q_{sk}——单桩总极限侧阻力标准值,kN;

Q_{pk}——单桩总极限端阻力标准值,kN;

Q_{uk}——单桩竖向极限承载力标准值,kN;

Q_{ck}——相应于任一复合基桩的承台底地基土的总极限阻力标准值,kN;

q_{ck}——承台底 1/2 承台宽度深度范围(≤5 m)内地基土极限阻力标准值,kPa;

A_c——承台底地基土净面积,m²,$A_c = A_c^i + A_c^e$(见图 3-20);

η_c——承台底土的阻力群桩效应系数。

η_c 由式(3-28)计算

$$\eta_c = \eta_c^i \frac{A_c^i}{A_c} + \eta_c^e \frac{A_c^e}{A_c} \tag{3-28}$$

式中：A_c^i，A_c^e——分别为承台内区(外围桩边包络区)和外区的净面积，m^2；

　　　　η_c^i，η_c^e——分别为承台内、外区土阻力群桩效应系数，可按表 3－13 取值，若承台下有高压缩软弱土层时，η_c^e 按 $B_c/l \leqslant 0.2$ 取值。B_c 为承台宽度，m；l 为桩的长度，m。

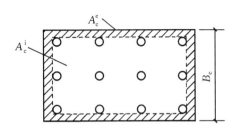

图 3－20　承台底分区图

表 3－11　桩基竖向承载力、抗力分项系数表

桩型与工艺	$\gamma_s = \gamma_p + \gamma_{sp}$		γ_c
	静载荷试验法	经验参数法	
预制桩、钢管桩	1.60	1.65	1.70
大直径灌注桩(清底干净)	1.60	1.65	1.65
泥浆护壁钻(冲)孔灌注桩	1.62	1.67	1.65
干作业钻孔灌注桩($d<0.8$ m)	1.65	1.70	1.65
沉管灌注桩	1.70	1.75	1.70

注：①根据静力触探方法确定预制桩、钢管桩承载力时，取 $\gamma_s = \gamma_p = \gamma_{sp} = 1.60$

　　②抗拔桩的侧阻力分项系数 γ_s 可取表列数值

　　③非复合桩桩基基桩竖向承载力设计值 R 的确定。当承台底面与土脱开(此时桩基础为非复合桩基础)时，就不应考虑承台效应，仍可使用式(3－17)、式(3－18)，公式中取 $\eta_c=0$，η_s，η_p，η_{sp} 取表 3－13 中 $B_c/l \leqslant 0.2$ 所对应的值。

　　对端承桩桩基和桩数不超过 3 根的非端承桩桩基，不考虑群桩效应，取 $\eta_c=0$，$\eta_s=\eta_p=\eta_{sp}=1.0$。

　　④对于端承型群桩及桩数不超过 3 根的非端承群桩，基桩的竖向承载力设计值 R 的确定。由于这类桩基础的侧阻力较小，桩基沉降小，侧阻、端阻的群桩效应可忽略不计，承台土反力虽然存在，但也很小，可作为安全储备将其忽略。故基桩承载力设计值 R 为

$$R = \frac{Q_{pk}}{\gamma_p} + \frac{Q_{sk}}{\gamma_s} \qquad (3-29)$$

这类桩当根据静载荷试验确定单桩竖向极限承载力标准值时，基桩的竖向承载力为

$$R = \frac{Q_{uk}}{\gamma_{sp}} \qquad (3-30)$$

表 3－12　桩侧阻、桩端阻、桩侧阻端阻综合群桩效应系数表

效应系数	土名称 s_a/d B_c/l	黏性土				粉土、砂土			
		3	4	5	6	3	4	5	6
η_s	≤0.20	0.80	0.90	0.96	1.00	1.20	1.10	1.05	1.00
	0.40	0.80	0.90	0.96	1.00	1.20	1.10	1.05	1.00
	0.60	0.79	0.90	0.96	1.00	1.09	1.10	1.05	1.00
	0.80	0.73	0.85	0.94	1.00	0.93	0.97	1.03	1.00
	≥1.00	0.67	0.78	0.86	0.93	0.78	0.82	0.89	0.95
η_p	≤0.20	1.64	1.35	1.18	1.06	1.26	1.18	1.11	1.06
	0.40	1.68	1.40	1.23	1.11	1.32	1.25	1.20	1.15
	0.60	1.72	1.44	1.27	1.16	1.37	1.31	1.26	1.22
	0.80	1.75	1.48	1.31	1.20	1.41	1.36	1.32	1.28
	≥1.00	1.79	1.52	1.35	1.24	1.44	1.40	1.36	1.33
η_{sp}	≤0.20	0.93	0.97	0.99	1.01	1.21	1.11	1.06	1.01
	0.40	0.93	0.97	1.00	1.02	1.22	1.12	1.07	1.02
	0.60	0.93	0.98	1.01	1.02	1.13	1.13	1.08	1.03
	0.80	0.89	0.95	0.99	1.03	1.01	1.03	1.07	1.04
	≥1.00	0.84	0.89	0.94	0.97	0.88	0.91	0.96	1.00

注：① B_c、l 分别为承台的宽度和桩的入土长度，s_a 为桩中心距

　　②当 $s_a/d>6$ 时，取 $\eta_s=\eta_p=\eta_{sp}=1$；两向桩距不等时，$s_a/d$ 取均值

　　③当桩侧为成层土时，η_s 可按主要土层或分别按各土层类别取值

表 3－13　承台内、外区土阻力群桩效应系数表

s_a/d B_c/l	η_c^i				η_c^e			
	3	4	5	6	3	4	5	6
≤0.20	0.11	0.14	0.18	0.21				
0.40	0.15	0.20	0.25	0.30				
0.60	0.19	0.25	0.31	0.37	0.63	0.75	0.88	1.00
0.80	0.21	0.29	0.36	0.43				
≥1.00	0.24	0.32	0.40	0.48				

3.5.4　群桩基础的沉降计算

一般情况，桩基础稳定性较好，沉降小而均匀，因此以往很少计算桩基础沉降。各种相关规范均以承载力计算作为桩基础设计的主要控制条件，而以变形计算作为辅助验算。然而，近

年来,高层建筑越来越高,地质条件也越来越复杂,高层建筑与周围环境的关系日益密切,特别是考虑到桩土共同作用、桩间土分担部分荷载,以桩的沉降作为一个控制条件,桩基础的沉降计算就显得越来越重要,因此,《建筑地基基础设计规范》提出了按地基变形控制设计的原则。

1. 需要进行桩基础沉降计算的情况

①《建筑地基基础设计规范》规定:

a. 地基基础设计等级为甲级的建筑物桩基础。

b. 体形复杂、荷载不均匀或者桩端以下存在软弱土层的设计等级为乙级的建筑物桩基。

c. 摩擦型桩基。

②《建筑桩基技术设计规范》(JGJ 94—2008)规定:桩端持力层为软弱土的一、二级建筑物桩基础及桩端持力层为黏性土、粉土或存在软弱下卧层的一级建筑物桩基,应验算沉降,并考虑端桩上部结构与基础的共同作用。

2. 不需要进行桩基础沉降计算的情况

《建筑地基基础设计规范》规定,对下列情况可不作沉降计算:

①对嵌岩桩、设计等级为丙级的建筑物桩基、对沉降无特殊要求的条形基础下不超过两排的桩基、起重机工作级别 A5 及 A6 以下的单层工业厂房桩基础。

②当有可靠地区经验时,对地质条件不复杂、荷载均匀、对沉降无特殊要求的端承型桩基础。

3. 桩基沉降验算

如上所述,当桩基础符合沉降验算情况时,需对桩基础进行沉降验算。桩基沉降计算方法有:半经验实体深基础法,明德林-盖得斯(Geddes)法等,在此仅对半经验实体深基础法作简要介绍。

半经验实体深基础法的思路是借鉴浅基础沉降计算的方法,将桩群连同桩间土与承台一起作为一个深基础;作用于桩端平面的荷载为均匀分布;土中附加应力按集中力作用于半无限弹性体表面的布西奈斯克(Boussinesq)解计算;压缩层下限按附加应力等于土自重应力20%的深度划界;以分层总和法按式(3-31)计算桩基沉降量。

群桩基础的最终沉降量 s 按下式计算

$$s = \Psi_s \sum_{i=1}^{n} \frac{\sigma_{zi} H_i}{E_{si}} \tag{3-31}$$

式中:σ_{zi}——地基第 i 分层的平均附加应力,kPa;

$\quad\quad E_{si}$——地基第 i 分层的压缩模量,相应于从该分层的平均自重应力变化到平均总应力(自重应力与附加应力之和,包括相邻桩基的影响)的应力状态下的压缩模量,可由固结试验的 $e-p$ 曲线求算,kPa;

$\quad\quad n$——地基压缩层范围内的计算分层数;

$\quad\quad H_i$——地基第 i 分层的厚度,按分层总和法的规定划取,m;

$\quad\quad \Psi_s$——桩基沉降计算的经验修正系数,以当地的规范或经验为准。

计算附加应力时,根据经验可以采取下列不同的简化计算图式。

①假定荷载沿桩群外侧面扩散,扩散角等于桩所穿过土层的内摩擦角 φ 的加权平均值 φ_m 的 1/4,桩端平面的荷载面积 A_k 为扩散角锥面所包范围;桩端平面处的总压力 p 等于上部结

构的荷载 F、承台和台阶上的土体自重 G、桩群范围内的桩和上部的自重 G_p 之总和除以扩散后的荷载面积 A_k，再减去桩端平面处的土体自重应力 p_c，得到附加压力 p_0，采用 Boussinesq 课题的应力解结果得到沿深度分布的土中附加应力 σ_{zi}。

②假定荷载不沿桩群外侧面扩散，用上述方法计算桩端平面处的附加压力 p_0，也采用 Boussinesq 课题的应力解结果得到沿深度分布的上中附加应力 σ_{zi}。

桩基沉降计算的经验修正系数 Ψ_s 是根据建筑物沉降观测得到的实测平均沉降与计算中点沉降的比值，经统计方法得到的。《上海市地基基础设计规范》规定的桩基沉降计算经验修正系数如表 3-14 所示。从表中的数据可以看出，桩长越长，实测沉降比计算沉降小得越多。桩基计算沉降量偏大的原因很多，按实体基础假定计算沉降的方法是一种经验的简化，与实际情况有比较大的出入，其中计算土中附加应力采用 Boussinesq 课题的应力解方法与桩基下土体应力条件有比较大差异，桩越长，差异越大。这是因为 Boussinesq 课题是假定荷载作用于半无限体的表面，而不是作用于土体的表面，桩将荷载传至土体的深部，这一假定与实际的偏离会增大。为了减少计算的误差，人们进行了多方面的研究工作，其中包括采用 Mindlin 理论计算土中应力，以减少应力计算的误差。

表 3-14　桩基沉降计算的经验修正系数

桩端入土深度/m	<20	30	40	50
修正系数	1.10	0.90	0.60	0.50

3.5.5　群桩的水平承载力确定

群桩在水平荷载作用下的性质与单桩有很大的不同。当群桩承受水平荷载时，不仅单桩之间有相互影响，而且承台对于桩基的水平承载性能有非常重要的影响。从本质上说，群桩的水平承载性能是承台、桩和土共同作用的结果，是十分复杂的荷载传递和分配的过程，在适当简化的条件下可以进行比较严密的理论计算，但计算比较复杂。在工程设计时，通常采用两种方法计算，一种是以线弹性反力系数假定为基础考虑承台、群桩和土的相互作用的计算方法，可以求得桩身各部分的位移和内力，但计算比较繁；另一种方法是将单桩水平承载力之和乘以群桩效应系数求得，计算比较简单，但只适用于弯矩荷载不大的情况，而且只能计算群桩的水平承载力，不能计算桩身的位移和内力。

《建筑桩基技术规范》(JGJ 94—2008)编制时根据大量的试验资料，用统计分析的方法得到比较简便的计算方法。这种方法假定水平荷载均匀地分配给每个桩，然后考虑群桩效应乘以相应的效应系数，用以计算群桩的水平承载力。

1. 桩顶作用效应

对于一般建筑物和受水平荷载(包括力矩和水平剪力)较小的高大建筑物单桩径相同的群桩基础，群桩中单桩桩顶的水平力设计值 H_1 由式(3-32)计算

$$H_1 = \frac{H}{n} \tag{3-32}$$

式中：H——作用于桩基承台底面的水平力设计值，kN；

　　　n——桩基中的桩数。

2. 桩基水平承载力的验算

对于一般建筑物或水平荷载较小的高大建筑物单桩基础或群桩中的单桩应满足式 (3-33)

$$\gamma_0 H_1 \leqslant R_{h1} \qquad\qquad (3-33)$$

式中：H_1——单桩桩顶处的水平力设计值，kN；

R_{h1}——单桩的水平承载力设计值，kN，单桩水平可按照前面公式确定。

表 3-15 桩顶约束效应系数

换算深度	2.4	2.6	2.8	3.0	3.5	$\geqslant 4.0$
位移控制	2.58	2.34	2.20	2.13	2.07	2.05
强度控制	1.44	1.57	1.71	1.82	2.00	2.07

表 3-16 承台底与地基土之间的摩擦系数

土的类别		摩擦系数 μ
黏性土	可塑	0.25~0.30
	硬塑	0.30~0.35
	坚硬	0.35~0.45
粉土	密实、中密（稍湿）	0.30~0.40
中砂、粗砂、砾砂		0.40~0.50
碎石土		0.40~0.60
软质岩石		0.40~0.60
表面粗糙的硬质岩石		0.65~0.75

3. 桩的相互影响效应

群桩中单个桩之间存在相互影响，这种相互影响导致地基土的水平抗力性能弱化，使水平抗力系数降低，并使各个桩的荷载分配不均匀。这种相互影响的作用随桩距和桩数而变化，当桩距减小时，相互影响增强，桩数增多时，影响也增强；这种影响具有方向性，沿水平荷载作用方向的影响远大于垂直于水平荷载的方向，因此要定量地描述这种影响是十分困难的。

群桩的模型试验和现场观测均证明，在荷载作用方向上的前排桩分配到的水平力最大，末排桩受到的水平力最小。这是因为前排桩前方的土体处于半无限状态，土抗力能充分发挥，前排桩所受到的土抗力一般等于或大于单桩。中间桩与末排桩则存在群桩效应。因此，在设计时，前排桩取单桩承载力是偏于安全的，其他桩则应予以折减。为了提高桩基水平承载力，可对前排桩采取加大桩径或加强配筋的做法。

4. 桩顶约束效应

桩顶和承台的连接极大地影响群桩中各个桩的荷载分配，由于各个行业的技术要求不同，桩的嵌入承台的长度不同，因而承台的约束影响也不相同。建筑桩基方面规定桩的嵌入承台的长度比较短（50~100 mm），承台混凝土为二次浇注，桩的主筋锚入承台为 $30d$（d 为钢筋直径），这种连接比较弱。因此，在比较小的水平荷载作用下桩顶周边混凝土可能出现塑性变形，形成传递剪力和部分弯矩的非完全嵌固状态。这对桩顶约束是一种既非完全自由状态,也非完全嵌固状态的中间状态,在一定程度上能减小桩顶位移,又能降低桩顶约束弯矩(相对于完全嵌固状态)。

5. 承台侧向抗力效应

当桩基受水平力作用而产生位移时,面向位移方向的承台侧面将受到土的抗力作用,由于桩基承台的位移比较小,其数量级不足以使土体达到被动极限状态,尚处于弹性阶段。因此,承台侧面的土抗力可以用线弹性土反力系数方法计算,总的弹性土抗力为

$$\Delta R_{\text{hl}} = x_0 B_c' \int_0^{h_c} K_n(z) \mathrm{d}z \tag{3-34}$$

假定地基土水平抗力系数沿深度线性增长

$$K_n(z) = mz \tag{3-35}$$

则

$$\Delta R_{\text{hl}} = \frac{1}{2} m x_0 B_c' h_c^2 \tag{3-36}$$

承台侧向抗力效应系数 η_l

$$\eta_l = \frac{\Delta R_{\text{hl}}}{h_1 h_2 H_1} = \frac{\frac{1}{2} m x_0 B_c' h_c^2}{h_1 h_2 R_0} \tag{3-37}$$

式中:x_0——承台水平位移,m;当以位移控制时,取 $x_0 = 0.01$ m(超静定结构取 0.006 m);当以桩身强度控制时,可以近似取桩顶嵌固位移计算值;

B_c'——承台计算宽度,m;对于阶形承台为加权宽度,$B_c' = B_c + 1$

$B_{c1}, B_{c2}, \cdots, h_1, h_2$ 分别为各阶宽度和高度,m;

h_c——承台高度,m;

m——承台侧向土体的水平抗力系数的比例系数,kN/m^4;

R_0——桩顶自由的单桩水平承载力,kN。

6. 承台底面摩阻效应

对于桩的承台埋入土中的桩群,如承台底面以下的地基上不致因震陷、湿陷、自重固结而与承台脱离时,可以考虑承台底面的摩阻效应。

承台底面总摩阻力

$$\Delta R_{\text{hb}} = \mu p_c \tag{3-38}$$

承台底面摩阻效应系数

$$\eta_b = \frac{\Delta R_{\text{hb}}}{h_1 h_2 R_0} = \frac{\mu p_c}{h_1 h_2 R_0} \tag{3-39}$$

式中:μ——承台底面摩阻系数;

p_c——承台底地基土分担的竖向荷载。

7. 群桩效应的综合

根据上述四种效应的物理机制知,其综合作用的组合是不同的。桩顶相互作用效应与承台约束效应是相互影响的,具有放大和缩小的作用,因此这两个效应系数是相乘的关系;与其他两个效应系数,即承台侧向抗力效应和承台底面摩阻效应是相互独立的,其系数是代数和的关系,即叠加的关系。综合群桩效应系数公式如下所示。

群桩基础的水平承载力由下式计算

$$H = \eta_h h R_0 \tag{3-40}$$

根据这一方法计算的群桩(包括双桩)水平承载力的计算值与群桩试验实测值的比较,可以看出,计算值与实测值比较接近,说明上述方法具有工程实用的价值。

3.6　桩的负摩阻力

3.6.1　负摩阻力的概念及产生条件

众所周知,使用抗压桩基的目的是通过桩侧表面和桩的下端把荷载传递给土层。因此,土层对桩的作用力分为两部分,一是土层对桩侧表面的摩阻力,二是持力层对桩端的端阻力。作用于桩侧表面摩阻力的方向取决于桩与周围土层之间的相对位移。如桩的下沉速率大于土层的下沉速率时,基土对桩侧表面就会产生向上的摩擦力,此摩擦力称为正摩擦力(如图3-21(a))。反之,当基土的下沉速率大于桩的下沉速率时,则基土对桩表侧面就会产生向下的摩擦力,此摩擦力称为负摩阻力(如图3-21(b))。负摩阻力不但不会对桩上的荷载起支承作用,反而成为桩上的附加荷载。不少建筑物桩基因负摩阻力而产生过大的沉降、倾斜或建筑物开裂等工程事故。因此,设计时必须充分予以注意。

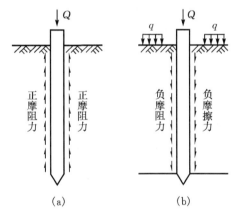

图 3-21　桩的正、负摩阻力

(a)桩的正磨阻力;(b)桩的负磨阻力

桩埋入可压缩土层内,在下列条件下应注意研究负摩阻力对桩基的影响:

①桩身穿过欠压密的软黏土或新填土,而支承于坚硬土层(硬黏性土、中密以上砂土、卵石层或岩层)时;

②在桩周地面有大面积堆载或超填土时;

③由于抽取地下水或桩周地下水位下降,使桩周土下沉时;

④挤土桩群施工结束后,孔隙水消散,隆起的或扰动的土体逐渐固结下沉时;

⑤其他特殊地基,如自重湿陷性黄土浸水下沉或冻土融化下沉等情况下的桩基。

3.6.2　负摩阻力的分布及中性点位置的确定

负摩阻力对桩会产生向下的拉力,相当于对桩形成下拽荷载,即在桩顶受到荷载 Q 之外,又附加一分布在桩身表面的向下的外荷载,对桩不利。如果负摩阻力产生向下的拉力较大,可能导致桩基础附加下沉,桩身应力增加,从而导致强度不足破坏或上部结构开裂。桩的负摩阻力对基础是一种附加荷载,它的影响主要表现在两方面:当持力层刚硬时,它将使桩身轴力增大,甚至导致桩身压曲、断裂,这时应计算负摩阻力引起的下拉荷载,并验算桩的承载力;当桩持力层为可压缩性土时,它将使沉降增大,这时应将负摩阻力引起的下拉荷载计入附加荷载,验算桩基沉降。

所谓中性点是指某一特定深度 l_n 的桩断面:在该断面以上,桩周土的下沉量大于桩本身的下沉量,桩受负摩阻力;在该断面以下,桩身的下沉量大于桩周土,桩承受正摩阻力。因此,该点就是摩阻力的分界点。在该断面,具有桩土位移相等、摩阻力为零、桩身轴力最大这三个特点,均可用来判定中性点,如图 3-22 所示。

负摩阻力的发生发展过程往往是桩与土的沉降相互协调的过程,图 3-22(a)是桩及桩周受力、沉降示意图;图 3-22(b)是支承于较硬土层的桩与其周围土体各个深度在某一时刻的下沉曲线,两条曲线在某一深度相交,该交点以上土的沉降大于桩的沉降,该点以下土的沉降小于桩的沉降。在该交点处,土与桩的沉降相等;图 3-22(c)为桩侧摩阻力沿深度分布曲线,在 M 点以上摩阻力方向向下,为负摩阻力,在 M 以下摩阻力向上,为正摩阻力,在 M 处摩阻力为零,M 称为中性点,它是一个很重要的特征点;图 3-22(d)为桩身轴力曲线图,在桩顶,轴

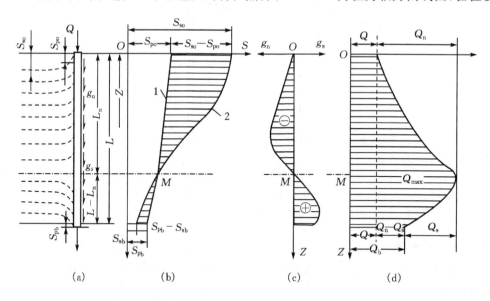

图 3-22　负摩阻力分析原理图

(a)桩及桩周上受力、沉降示意;(b)各断面深度的桩、土沉降及相对位移;

(c)摩阻力分布及中性点(M);(d)桩身轴力

1—桩身各断面的沉降 S_p;2—各深度桩周土的沉降 S_a;

Q_n—负摩阻力产生的轴力,即下拉力;Q_b—端阻力;Q_s—正摩阻力产生的轴力

力就等于外荷载,然后由于负摩阻力的叠加,轴力随着深度逐渐增大,到中性点处达到最大值,往下则由于受到正摩阻力的作用而逐渐减小。

由上述讨论可以知道中性点有三个特征:所在断面处桩土位移相等、摩阻力为零、轴力最大;中性点的深度 l_n 与桩周土的压缩性和持力层的刚度等因素有关,且在桩、土沉降稳定之前,它始终处于变动中。

《建筑桩基础技术规范》中规定了中性点位置的确定方法:

中性点深度 l_n 应按照桩周土层沉降与桩沉降相等的条件计算确定,可参照表 3 – 17 选取。

表 3 – 17 中性点深度 l_n

持力层性质	黏性土、粉土	中密砂以上	砾石、卵石	基岩
中性点深度比 l_n/l_0	0.5～0.6	0.7～0.8	0.9	1.0

注:①l_n 和 l_0 分别是中性点深度和桩周沉降变形土层下限深度

②桩穿越自重湿陷性黄土层时,l_n 按表列增大 10%(持力层为基岩除外)

③当桩周土层固结与桩基固结沉降同时完成时,取 $l_n=0$

④当桩周土层计算沉降小于 20 mm 时,l_n 应按表列乘以 0.4～0.8 折减

从试验和计算分析来看,影响中性点深度的主要因素有以下几个方面:

①桩底持力层刚度。持力层越硬,中性点深度越深;相反,持力层越软,则中性点深度越浅。因此,在相同情况下,端承桩的 l_n 大于摩擦桩。

②桩周土的压缩性和应力历史。桩周土越软,欠固结度越高、湿陷性越强、相对于桩的沉降越大,则中性点越深;而且,在桩、土沉降稳定之前,中性点的深度 l_n 也是变动的。

③桩周土层上的外荷载。一般地面堆载越大或抽水使地表下沉越多,那么中性点 l_n 越深。

④桩的长径比。一般桩的长径比越小,则 l_n 越大。

3.6.3 负摩阻力的计算

影响负摩阻力的因素很多,如桩侧与桩端土的性质、地面堆载的大小与范围、降低地下水位的深度与范围、桩的类型和成桩工艺等,要精确地计算负摩阻力是十分困难的,国内外大都采用近似的经验公式估算。实测结果分析证明采用有效应力方法比较符合实际。反映有效应力影响的单桩负摩阻力的标准值可按下式计算

$$q_{si}^n = \xi_{ni}\sigma_i' \tag{3 – 41}$$

当填土、自重湿陷性黄土湿陷、欠固结土层产生固结和地下水降低时:$\sigma_i'=\sigma_{ri}'=\gamma_i'z_i$;

当地面分布大面积荷载时:$\sigma_i'=p+\sigma_{ri}'=p+\gamma_i'z_i$

$$\sigma_{ri}' = \sum_{k=1}^{i-1}\gamma_k'\Delta z_k + \frac{1}{2}\gamma_i'\Delta z_i$$

式中:q_{si}^n——第 i 层土桩侧负摩阻力的标准值,kPa;

ξ_{ni}——桩周第 i 层土负摩阻力系数,可按表 3–18 取值;

σ_{ri}'——由土自重引起的桩周第 i 层土平均竖向有效应力,桩群外围桩自地面算起,桩群内部桩自承台算起;

σ'_i——桩周第 i 层平均竖向有效应力,kPa;

γ'_i——第 i 层土有效重度,kN/m³;

γ'_k——第 k 层土有效重度,kN/m³;

Δz_k,Δz_i——分别为第 k 层、第 i 层土的厚度;

p——地面均布荷载,kPa。

表 3-18 负摩阻力系数 ξ_n

土 类	ξ_n	土 类	ξ_n
饱和软土	0.15～0.25	砂土	0.35～0.50
黏性土、粉土	0.25～0.40	自重湿陷性黄土	0.20～0.35

注:①在同一类土中,对于打入桩或沉管灌注桩,取表中较大值,对于钻(冲)孔灌注桩,取表中较小值
②土按其组成取表中同类土的较大值
③当计算得到的负摩阻力标准值大于正摩阻力

对黏性土,可以用无侧限抗压强度的一般 q^n_{si},也可以用静力触探器试验所获得的双桥探头锥尖阻力 q_c 或者单桥探头比贯入阻力 q_s,按下式估算 q^n_{si}

$$q^n_{si} = \frac{q_c}{10} \text{ kPa} \quad \text{或者} \quad q^n_{si} = \frac{q_s}{10} \text{ kPa} \tag{3-42}$$

对砂土地基,桩端极限阻力 f_b 和单位负摩阻力 q^n_{si} 可以用 q_c 推算

$$f_b = \frac{q_c l_b}{10B} \leqslant f_l \text{ kN/m}^2 \tag{3-43}$$

式中:f_l——打入桩极限端阻力;

B——桩端宽度。

粉砂 $\qquad\qquad q^n_{si} = \dfrac{q_c}{150} \quad \text{kN/m}^2$

紧砂 $\qquad\qquad q^n_{si} = \dfrac{q_c}{200} \quad \text{kN/m}^2$

松砂 $\qquad\qquad q^n_{si} = \dfrac{q_c}{400} \quad \text{kN/m}^2$

另外,还可以用实测的标准贯入击数 N 值按下式估值

对黏性土

$$q^n_{si} = \frac{N'_i}{2} + 1 \tag{3-44}$$

对于砂类土

$$q^n_{si} = \frac{N'_i}{5} + 3 \tag{3-45}$$

式中 N'_i——桩周第 i 层土经钻杆长度修正的平均标准贯入试验击数。

3.6.4 群桩的负摩阻力

1. 群桩负摩阻力的影响因素

影响群桩负摩阻力的因素主要包括承台底土层的欠固结程度、欠固结土层的厚度、地下水

位、群桩承台的高低、群桩中桩的间距等。

(1)承台底土层的欠固结程度和厚度

承台底土层的欠固结程度越高,土层本身的沉降量就越大,群桩负摩阻力就越显著。欠固结土层的厚度越大,土层本身的沉降量就越大,群桩负摩阻力就越显著。

(2)地下水位下降和地面堆载

承台底的地下水位会因附近抽水等原因下降很多。一般土层本身的沉降量越大,群桩的负摩阻力也越明显。地面堆载越大,群桩负摩阻力越大。

(3)群桩承台的高低

当桩基础中承台与地面不接触时,高桩的负摩阻力单纯是由各桩与土的相对沉降关系决定的。当桩基础承台与地面接触甚至承台底深入地面以下时,低桩的负摩阻力的发挥受承台底面与土间的压力制约。

(4)群桩中桩的间距

群桩中桩的间距十分关键。如果桩间距较大,群桩中各桩的表面所分担的影响面积(即负载面积)也越大,由此各桩侧表面单位面积所分担的土体重量大于单根桩的负摩阻力极限值,不发生群桩效应。如果桩间距较小,各桩侧表面单位面积所分担的土体重量可能小于单桩的负摩阻力极限值,则会导致群桩的负摩阻力降低。桩数越多,桩间距越小,群桩效应越明显。

(5)其他因素

影响群桩负摩阻力的其他因素还有很多,如砂土液化、冻土融化等对群桩的各个基桩都产生影响,只是影响程度有所区别。

2. 群桩负摩阻力的计算

对群桩负摩阻力的计算,《建筑桩基技术规范》规定:群桩中任一基桩的下拉荷载标准值可按式(3-46)计算

$$Q_g^n = \eta_n u \sum_{i=1}^n q_{si}^n l_i \qquad (3-46)$$

式中:n——中性点以上土层层数;

u——桩周长;

l_i——中性点以上各土层的厚度;

η_n——负摩阻力群桩效应系数,按下式确定(当计算值 η_n 大于 1 时,取值为 1。)

$$\eta_n = S_{ax} S_{ay} / [\pi d (\frac{q_s^n}{\gamma_m'} + \frac{d}{4})] \qquad (3-47)$$

式中:S_{ax}, S_{ay}——分别为纵横向桩的中心距;

q_s^n——中性点以上桩的平均负摩阻力标准值;

γ_m'——中性点以上桩周土平均有效重度。

【例3-4】某建筑基础采用钻孔灌注桩,桩径900 mm,桩顶位于地面以下1.8 m,桩长9 m,土层分布如下图所示,当水位由-1.8 m降至-7.3 m后,求单桩负摩阻力引起的下拉荷载。

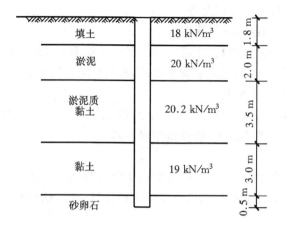

【解】 该桩桩周的淤泥质土和淤泥质黏土可能会引起桩侧负摩阻力,桩端持力层为砂卵石,属于端承桩,应考虑负摩阻力引起桩的下拉荷载。

单桩负摩阻力按下式计算

$$q_{si}^n = \xi_{ni}\sigma_i'$$

其中 σ_i' 为桩周第 i 层土平均竖向有效应力,$\sigma_i' = p + \gamma_i' z_i$。$p$ 为超载,该桩桩顶距地面 1.8 m,桩顶以上土的自重应力近似作为超载 p

$$p = \gamma z = 18 \times 1.8 = 32.4 \text{ kN/m}^2$$

桩长范围内压缩层厚度 $l_0 = 8.5$ mm,根据《建筑桩基技术规范》,中性点深度 l_n 为

$$l_n/l_0 = 0.9, \quad l_n = 0.9 \times 8.5 = 7.65 \text{ m}$$

负摩阻力系数:饱和软土 ξ_n 取 0.2,黏性土 ξ_n 取 0.3。

深度 1.8～3.8 m,淤泥质土 $\sigma_1' = 18 \times 1.8 + 2 \times 20 \times 1/2 = 52.4$ kPa

$$q_{s1}^n = 0.2 \times 52.4 = 10.48 \text{ kPa}$$

深度 3.8～7.3 m,淤泥质黏土 $\sigma_2' = 18 \times 1.8 + 2 \times 20 + 20.2 \times 3.5 \times 1/2 = 107.75$ kPa

$$q_{s2}^n = 0.2 \times 107.75 = 21.55 \text{ kPa}$$

深度 7.3～9.45 m,黏土 $\sigma_3' = 18 \times 1.8 + 2 \times 20 + 20.2 \times 3.5 + 9 \times 2.15 \times 1/2 = 152.775$ kPa

$$q_{s3}^n = 0.3 \times 152.775 = 45.8 \text{ kPa}$$

基桩下拉荷载为

$$Q_g^n = \eta_n u \sum_{i=1}^n q_{si}^n l_i$$
$$= 1.0 \times 3.14 \times 0.9 \times (10.48 \times 2 + 21.55 \times 3.5 + 45.8 \times 2.15) = 550.67 \text{ kN}$$

3.7 桩基础的设计

桩基础设计的目的是使作为支承上部结构的地基和基础结构必须有足够的承载能力,其变形不超过上部结构安全和正常使用所允许的范围。作为传递荷载的结构,桩基设计必须满足三方面的要求:一是桩基必须是长期安全适用的;二是桩基设计必须是合理且经济的;三是桩基设计必须考虑施工的方便快捷。

3.7.1　桩基础的设计方法

桩基设计主要包括承载力设计和沉降验算两个方面。桩基承载力设计通过设置合理的桩长、桩径、桩数和桩位以保证桩基具有足够的强度和稳定性；沉降验算则为了防止过大变形引起建筑物的结构损坏或影响建筑物的正常使用。此外，桩身配筋和桩基的承台设计是桩基结构设计的内容，以保证桩基具有足够的结构强度，有时尚需进行桩身和承台的抗裂和裂缝宽度验算。

桩基承载力计算时应采用荷载的基本组合和地震作用效应的组合；沉降验算时应采用荷载的长期效应组合；验算桩基的水平变位、抗裂或裂缝宽度时，应根据使用要求和裂缝的控制等级分别采用短期效应组合或短期效应组合考虑长期荷载的影响。

桩基设计方法的另一个重要问题是设计荷载，荷载必须与承载力的确定方法配套，且与设计状况保持一致。荷载分为标准值和设计值两类，目前上部结构设计一般都采用荷载的设计值设计结构构件。如果传至基础顶面的荷载是设计值，则单桩承载力必须采用极限值除以分项系数的方法；如单桩承载力是采用容许值或极限承载力除以安全系数，则与之配套的荷载必须是标准值，或对传至基础顶面的设计值进行相应的调整。如荷载和抗力的取值不配套，则在桩基承载力设计时会造成很大的浪费，在桩基承台结构设计时会造成隐患，对此应注意。

桩基设计时还应注意地下水浮力的影响，计算基础底面压力时，基础底面以上的总荷载应扣除基底水浮力，如不扣除水的浮力则造成浪费；桩基沉降计算时，桩端平面处的附加压力应扣除水的浮力，否则计算沉降过大。

3.7.2　桩基础的设计步骤

桩基础的设计一般可按下列步骤进行：

①收集设计资料，进行调查研究、场地勘察，收集相关资料；

②确定持力层，根据收集的资料，综合有关地质勘察情况、建筑物荷载、使用要求、上部结构条件等，确定桩基础持力层；

③选择桩材，确定桩型、桩的断面形状及外形尺寸和构造，初步确定承台埋深；

④确定单桩承载力特征值；

⑤确定桩的数量并布桩，从而初步确定承台类型及尺寸；

⑥验算单桩荷载，包括竖向荷载及水平荷载等；

⑦验算群桩承载力，必要时验算桩基础的变形，桩基础承载力验算包括竖向和水平承载力，对有软弱下卧层的桩基，尚需验算软弱下卧层承载力，桩基础变形包括竖向沉降及水平位移等；

⑧桩身内力分析及桩身结构设计等；

⑨承台的抗弯、抗剪、抗冲切及抗裂等强度计算及结构设计等；

⑩绘制桩基础结构施工图。

3.7.3　桩端持力层的选择

持力层是指地层剖面中能对桩起主要支承作用的某岩土层。桩端持力层一般要有一定的强度与厚度，能使上部结构的荷载通过桩传递到该硬持力层上且变形量小。持力层的选择是桩基设计的一个重要环节。持力层的选用决定于上部结构的荷载要求、场地内各硬土层的深度分布、各土层的物理力学性质、地下水性质、拟选的桩型及施工方式、桩基尺寸及桩身强度等。持力层选择是否得当,直接影响桩的承载力、沉降量、桩基工程造价和施工难易程度。总的来说,持力层的选择要满足承载力和沉降要求,同时还考虑经济性、合理性、施工方便等因素。

一般来说,对于持力层的选定,应当遵循以下一些原则:

①必须根据上部结构荷载要求和沉降要求来选择桩端持力层,不同高度的建筑物应选择不同的持力层,桩长、桩径也不同。

②在经济性相同的条件下,尽可能选择坚硬土层作为桩端持力层以减少桩基础沉降量。

③同一建筑物原则上宜选择同一持力层。

④软土中的桩基宜选择中低压缩层作为桩基的持力层。对于上部有液化的地层,桩基一般应穿过液化土层,对于黄土湿陷性地层,桩端应穿过湿陷性土层而支承在低压缩性的黏性土、粉土、中密和密实砂土及碎石类土层中,对于季节性冻土和膨胀土地基中的桩基,桩端应进入冻深线或膨胀土的大气影响急剧层以下深度4倍桩径以上,且最小深度应大于1.5 m。

⑤桩端持力层的地基承载力应保证设计要求的单桩竖向承载力;如果地基中有软弱土层,原则上桩端应穿过软弱下卧层到下部较坚硬的地层作持力层;对于小荷载多层建筑桩端平面距离软弱下卧层顶面不小于临界厚度以满足变形要求。

⑥地下地层为倾斜地层时,桩端持力层的选择不但要满足承载力要求,而且要满足稳定性要求,此时桩端入持力层深度应满足规范要求以防止桩端滑移。

⑦对于基础作用在桩持力层的荷载,必须保证有足够的安全度并且不会产生过大沉降和不均匀沉降。

⑧在选择桩端持力层时,要考虑所选桩基的施工可行性和方便性。

⑨在选择桩端持力层时,要考虑打桩对桩端持力层的扰动影响,在必要的情况下,可以考虑对持力层进行注浆加固,且考虑打桩对周边建筑物、管线的影响。

一般来讲,选择较硬土层作为桩端持力层,桩端全截面进入持力层的深度应按不同土层采用不同的深度规定。对于黏性土、粉土进入持力层的深度不宜小于 $2d$;对于砂土,不宜小于 $1.5d$;对于碎石类土,不宜小于 $1d$。

从进入持力层的深度对承载力的影响来看,进入持力层的深度愈深,桩端阻力愈大,但受两个条件的制约:一是施工条件的限制,进入持力层过深,将给施工带来困难;二是临界深度的限制。所谓临界深度是指端阻力随深度增加的界限深度值,当桩端进入持力层的深度超过临界深度以后,桩端阻力则不再显著增加或不再增加。

砂与碎石类土的临界深度为 $(3\sim10)d$,随其密度提高而增大;粉土、黏性土的临界深度为 $(2\sim6)d$,随土的孔隙比和液性指数的减少而增大。

当在桩端持力层以下存在软弱下卧层时,桩端距软弱下卧层的距离不宜小于 $4d$。否则,桩端阻力将随着进入持力层深度增大而降低。

3.7.4 桩型及截面尺寸的选择

1. 收集设计资料

为了达到上述目的,桩基础设计时必须具备下列四个方面的基本资料。

(1)岩土工程勘察资料

岩土工程勘察资料应包括：

①岩土工程勘察报告和图件；

②岩土物理力学性质指标；

③对不良地质现象(如滑坡、崩塌、泥石流、岩溶和土洞等)有明确的判断、结论和防治方案；

④已有地下水位的测定和预测资料及地下水化学分析结论；

⑤现场或其他可供参考的试桩资料及附近类似桩基工程经验；

⑥按地震设防烈度提供的液化地层资料；

⑦有关地基土冻胀性、湿陷性、膨胀性的资料。

(2)建筑场地与环境条件资料

应收集建筑场地与环境条件的下列资料：

①建筑场地的平面图,包括交通设施、高压架空线、地下管线和地下构筑物的分布；

②相邻建筑物的安全等级、结构特点、基础类型及埋置深度；

③水、电及有关建筑材料的供应条件；

④周围建筑物及市政设施的防振、防噪声要求；

⑤泥浆排泄及弃土条件。

(3)建筑物资料

在桩基设计前应具备下列建筑设计文件：

①建筑物总平面布置图：

②建筑物的结构类型、荷载及建筑物的使用或生产设备对基础竖向或水平位移要求；

③建筑物的重要性与安全等级；

④建筑物的抗震设防烈度及建筑抗震类别。

(4)施工条件资料

桩基设计应充分考虑可能得到的施工条件,需要了解当地施工经验和设备状况,包括：

①施工机械设备条件、制桩条件、动力条件以及对地质条件的适应性；

②施工机械设备的进出场条件及现场运行条件。

2. 桩型的选择

　　桩型与工艺的选择应根据建筑结构类型、荷载性质、桩的使用功能、穿越土层、桩端持力层、地下水位、施工设备、施工环境、施工经验、制桩材料供应条件等,选择安全适用、经济合理的桩型和成桩工艺。通常,同一建筑物应尽可能采用相同类型的桩。

　　具体考虑的因素有以下几个方面。

　　(1)建筑物的性质和荷载

　　对于重要的建筑物和对不均匀沉降敏感的建筑物,要选择成桩质量稳定性好的桩型。对于荷载大的高、重建筑物,要选择单桩承载力较大的桩型;对于地震设防区或承受其他动荷载的桩基,要考虑选用既能满足竖向承载力,又有利于提高横向承载力的桩型,还应考虑动荷载可能对桩基的影响。

　　(2)工程地质、水文地质条件

　　对坚实持力层,当埋深较浅时,应优先采用端承桩,包括扩底桩;当埋深较深时,则应根据单桩承载力的要求,选择恰当的长径比。持力层的土性也是桩型选择的重要依据,如对较松的砂性土,采用挤土桩更为有利,但挤土沉管灌注桩用于淤泥和淤泥质土层时,应局限于多层住宅桩基;当存在粉、细砂夹层时,采用预制桩应该慎重。地下水位与地下水补给条件,是选择桩基施工方法时必须考虑的因素。对人工挖孔桩等,在成孔过程中是否会产生管涌、砂涌等现象,对挤土桩,在低渗透性的饱和软土中是否会引起挤土效应等,都应周密考虑。

(3)施工环境

挤土桩在施工过程中会引起挤土效应,可能导致周围建筑物的损坏。锤击预制桩由于振动和噪声等原因,不太适合在市区采用。采用泥浆护壁成孔时,应具备泥浆制备、循环、沉淀的场地条件及排污条件。成桩设备进出场地和成孔过程所需的空间尺寸在选择成桩方法时也必须予以考虑。

(4)技术经济等条件

各种类型的桩需要相应的施工设备和技术,因此选择成桩方法时应考虑施工技术条件的可行性,尽量利用现有条件。不同类型的桩在材料、人力、设备、能源等方面的消耗不同,应综合核算各项经济指标,选择较优的方案。

3. 确定桩长和桩径

(1)桩长的确定

桩长的确定包括持力层的选择和进入持力层的深度两个方面。

选择持力层需要考虑的主要因素包括荷载条件、地质条件和施工工艺条件等。通常桩端持力层应选择承载力高、压缩性低的土层。同时还要考虑,如成桩过程中的中间层的穿透问题,以及易液化或涌砂的土层、坚硬厚实的地下障碍物、较大的嵌岩深度等给施工带来的技术难题。

确定桩端进入持力层的深度需要考虑端阻的深度效应和持力层的稳定性。桩端全断面进入持力层的深度,对黏性土、粉土不宜小于 $2d$,砂类土不宜小于 $1.5d$,碎石类土不宜小于 $1d$。当存在软弱下卧层时,桩端以下硬持力层厚度不宜小于 $3d$;对于嵌入倾斜的完整和较完整岩的全断面深度不宜小于 $0.4d$ 且不小于 0.5 m,倾斜度大于 30% 的中风化岩,宜根据倾斜度及岩石完整性适当加大嵌岩深度;对于平整、完整的坚硬岩和较硬岩嵌入的深度不宜小于 $0.2d$ 且不小于 0.2 m。

(2)桩径的确定

桩径越大则单桩承载力就越高,但桩径越大混凝土用量就越大,所以存在一个合理桩径的问题。桩径与桩长之间相互影响,相互制约。设计时应该注意如下几个方面:

①桩径的确定要考虑平面布桩和《规范》对桩间距的要求。如《规范》规定钻孔桩的最小间距为 $3d$,若选择桩径 d 为 1000 mm,那么最小桩间距为 3000 mm,此时要考虑上部荷载按 3000 mm 的最小桩间距是否能布得下全部桩。

②一般情况下,同一建筑物的桩基应该选择同种桩型和同一持力层,但可以根据上部结构对桩荷载的要求选择不同的桩径。

③桩径的选择应考虑长径比的要求,同时按照不出现压屈失稳条件来核验所采用的桩长径比,特别是对高承台桩的自由端较长或桩周土为可液化土或特别软弱土层应重视。

④按照桩的施工垂直偏差控制端承桩的长径比,以避免相邻两桩出现桩端交会而降低端阻力。

⑤对桩径的确定,要考虑各类桩型施工难易程度、经济性、对环境的影响以及打桩挤土等。

⑥当桩的承载力取决于桩身强度时,桩身截面尺寸必须满足设计对桩身强度的要求,可由下式估算桩径

$$A = \frac{Q_u}{\Psi \varphi f_{ck}} \tag{3-48}$$

式中：Q_u——与桩身材料强度有关的单桩极限承载力，kN；

φ——钢筋混凝土受压构件的稳定系数；

Ψ——施工条件系数；

f_{ck}——混凝土的轴向抗压强度。

⑦震害调查表明，地震时桩基的破坏位置，几乎集中于桩顶或桩的上段部位，因此，在考虑抗震设计时，桩上段部位配筋应满足抗震构造要求或扩大桩径。

3.7.5　桩的布置

布桩是否合理，对桩的受力及承载力的充分发挥、减少沉降尤其是减少不均匀沉降具有重要的影响。布桩的主要原则是：布桩要紧凑，尽量使桩基础的各桩受力比较均匀，增加群桩基础的抗弯能力。

1. 桩的布置

桩的布置主要包括确定桩的中心距及桩的合理排列。排列基桩时，宜使桩群承载力合力点与竖向永久荷载合力作用点重合，并使基桩在受水平力和力矩较大方向有较大抗弯截面模量。

基桩最小中心距的确定主要考虑两个因素：第一，有效发挥桩的承载力；第二，成桩工艺的影响。桩的中心距过大，会增加承台的面积，增加造价；反之，桩距过小，给桩基的施工造成困难，如果是摩擦桩，还会出现应力重叠，使得桩的承载力不能得到充分发挥。所以，应根据土的类别、成桩工艺等确定最小中心距。通常应满足表 3-19 的要求，对大面积群桩，尤其是挤土桩，还应将表内数值适当增加。若采取可靠的减小挤土效应措施，可根据经验适当减少。

表 3-19　桩的最小中心距

土类与成桩工艺		桩数不小于 3 排且桩数不小于 9 根的摩擦型桩基	其他情况
非挤土灌注桩		3.0d	3.0d
部分挤土桩		3.5d	3.0d
挤土桩	非饱和土	4.0d	3.5d
	饱和黏性土	4.5d	4.0d
钻、挖孔扩底桩		2D 或 $D+2.0$ m(当 $D>2$ m)	1.5D 或 $D+1.5$ m(当 $D>2$ m)
沉管夯扩、钻孔挤扩	非饱和	2.2D 且 4.0d	2.0D 且 3.5d
	饱和黏性土	2.5D 且 4.5d	2.2D 且 4.0d

注：①d 为圆桩直径或方桩边长，D 为扩大端设计直径

②当纵横向桩距不相等时，其最小中心距应满足"其他情况"一栏的规定

③当为端承型桩时，非挤土灌注桩的"其他情况"一栏可减小至 2.5d

根据桩基础的形式及荷载要求，桩的平面可布置成方形、三角形、梅花形等，对条形基础下的桩基，可采用单排或双排布置方式，如图 3-23 所示。

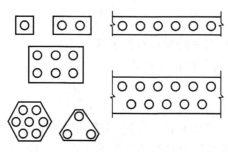

图 3-23 桩的平面布置示意图

2. 桩的排列

布桩时,尽量使群桩合力点与长期荷载重心重合,并使桩基在受水平力和力矩较大方向有较大的截面模量;同一结构单元宜尽量避免采用不同类型的桩基。

对于箱形承台基础,宜将桩布置在墙下;对于带梁或肋的筏板承台基础,宜将桩布置在梁和肋的下面;对于大直径桩,宜将桩布置在柱下,一柱一桩。

3.7.6 桩基础的验算

1. 竖向承载力的验算

根据《建筑桩基技术规范》(JGJ 94—2008),桩基竖向承载力应满足以下规定。

偏心荷载作用下,第 i 根桩的竖向力设计值由下式求得

$$N_i = \frac{F+G}{n} \pm \frac{M_x y_i}{\sum y_i^2} \pm \frac{M_y x_i}{\sum x_i^2} \qquad (3-49)$$

式中:M_x, M_y——作用于承台底面通过群桩形心的 x, y 轴的弯矩设计值,kN·m;

x_i, y_i——第 i 根桩至 x 和 y 轴的距离,m。

按荷载效应基本组合验算桩基承载力。在轴心竖向力作用下,应满足下式

$$\gamma_0 N \leqslant R \qquad (3-50)$$

在偏心竖向力作用下,除满足式上式外,还应满足下式

$$\gamma_0 N_{\max} \leqslant 1.2R \qquad (3-51)$$

式中:N——轴心力竖向荷载作用下的单桩竖向力设计值,kN;

$N_{\max}$——偏心竖向荷载作用下的单桩最大竖向力设计值,kN;

γ_0——建筑桩基重要性系数,按安全等级取值,一级为 1.1,二级为 1.0,三级为 0.9,对于柱下单桩按提高一级选用;

R——为基桩或复合基桩竖向承载力特征值,kN。

地震作用效应和荷载效应标准组合,轴心竖向力作用下

$$N_{\mathrm{Ekmax}} \leqslant 1.25R \qquad (3-52)$$

偏心竖向力作用下除满足上式外,尚应满足下式要求

$$N_{\mathrm{Ekmax}} \leqslant 1.5R \qquad (3-53)$$

轴心竖向荷载作用下的单桩竖向力设计值由下式求得

$$N = \frac{F+G}{n} \qquad (3-54)$$

式中：N_{Ekmax}——在地震作用效应和荷载效应标准组合下，基桩或复合基桩的平均竖向力，kN；

$\quad\quad F$——作用于桩基承台顶面的竖向力设计值，kN；

$\quad\quad G$——桩基承台和承台上土自重设计值，kN；当自重荷载分项系数效应对结构不利时取 1.2，有利时取 1.0，并应对地下水位以下部分扣除水浮力；

$\quad\quad n$——桩基中的桩数。

2. 沉降验算

反映桩基沉降变形的指标主要有沉降量、沉降差、整体倾斜和局部倾斜。由于土层厚度与性质不均匀、荷载差异、体型复杂、相互影响等因素引起的地基沉降变形对于砌体承重结构应由局部倾斜控制；对于多层或高层建筑以及高耸结构应由整体倾斜值控制；当结构为框架、框架-剪力墙、框架-核心筒结构时，尚应控制柱（墙）之间的差异沉降。根据《建筑桩基技术规范》（JGJ 94—2008），桩基沉降变形的允许值按表 3-20 取值。

表 3-20　建筑桩基沉降变形允许值表

变形特征		允许值
砌体承重结构基础的局部倾斜		0.002
各类建筑相邻柱（墙）基的沉降差	框架、框架-剪力墙、框架-核心筒结构	$0.002l_0$
	砌体填充的边排柱	$0.0007l_0$
	当基础不均匀沉降时不产生附加应力的结构	$0.005l_0$
单层排架结构（柱距为 6 m）桩基的沉降量/mm		120
桥式吊车轨道的倾斜（按不调整轨道考虑）	纵向	0.004
	横向	0.003
多层和高层建筑的整体倾斜	$H_g \leqslant 24$	0.004
	$24 < H_g \leqslant 60$	0.003
	$60 < H_g \leqslant 100$	0.0025
	$H_g > 100$	0.002
高耸结构桩基的整体倾斜	$H_g \leqslant 20$	0.008
	$20 < H_g \leqslant 50$	0.006
	$50 < H_g \leqslant 100$	0.005
	$100 < H_g \leqslant 150$	0.004
	$150 < H_g \leqslant 200$	0.003
	$200 < H_g \leqslant 250$	0.002
高耸结构基础的沉降量/mm	$H_g \leqslant 100$	350
	$100 < H_g \leqslant 200$	250
	$200 < H_g \leqslant 250$	150
体型简单的剪力墙结构高层建筑桩基最大沉降量/mm		200

注：l_0 为相邻柱（墙）之间的距离，H_g 为自室外地面算起的建筑物高度

3. 水平承载力验算

受水平荷载的一般建筑物和水平荷载较小的高大建筑物单桩基础和群桩中的基桩应满足

$$H_{ik} \leqslant R_h \tag{3-55}$$

式中，H_{ik}——在荷载效应标准组合下，作用于基桩 i 桩顶处的水平力；

R_h——单桩基础或群桩中基桩的水平承载力特征值。

3.7.7 桩身结构设计

1. 结构计算

桩基作为建（构）筑物的支承结构，其自身的结构强度必须满足成桩施工和使用阶段的要求，即满足桩基结构自身的极限承载力要求。因此，桩身应进行承载力和裂缝控制的计算。计算时应考虑桩身材料强度、成桩工艺、吊运与沉桩、约束条件、环境类别等多种因素。

（1）受压桩

当桩顶以下 $5d$ 范围的桩身螺旋式箍筋间距不大于 100 mm，混凝土轴心受压桩的正截面受压承载力应满足

$$N \leqslant \Psi_c f_c A_{ps} + 0.9 f_y' A_s' \tag{3-56}$$

当不符合上述要求时，应满足

$$N \leqslant \Psi_c f_c A_{ps} \tag{3-57}$$

式中：N——荷载效应基本组合下的桩顶轴向压力设计值；

Ψ_c——基桩成桩工艺系数，对混凝土预制桩、预应力混凝土空心桩取 0.85，干作业非挤土灌注桩取 0.90，泥浆护壁和套管护壁非挤土灌注桩、部分挤土灌注桩、挤土灌注桩取 $0.7 \sim 0.8$，软土地区挤土灌注桩取 0.6；

f_c——混凝土轴心抗压强度设计值；

A_{ps}——桩身截面面积；

f_y'——纵向主筋抗压强度设计值；

A_s'——纵向主筋截面积。

计算桩身轴心抗压强度时，一般不考虑桩身压屈的影响，一般取稳定系数 $\varphi = 1.0$。对于高承台基桩、桩身穿越可液化土或不排水抗剪强度小于 10 kPa 的软弱土层的基桩，应考虑压屈影响，即将计算所得的桩身正截面受压承载力乘以 φ 折减。其稳定系数 φ 可根据桩身压屈计算长度 Z_0 和桩的设计直径 d 确定。桩身压屈计算长度可根据桩顶的约束情况、桩身露出地面的自由长度 l_c、桩的入土长度 h、桩侧和桩底的土质条件确定。桩的稳定系数可按表 3-21 确定。

表 3-21 桩身稳定系数 φ 表

l_c/d	$\leqslant 7$	8.5	10.5	12	14	15.5	17	19	21	22.5	24
l_c/b	$\leqslant 8$	10	12	14	16	18	20	22	24	26	28
φ	1.00	0.98	0.95	0.92	0.87	0.81	0.75	0.70	0.65	0.60	0.56
l_c/d	26	28	29.5	31	33	34.5	36.5	38	40	41.5	43
l_c/b	30	32	34	36	38	40	42	44	46	48	50
φ	0.52	0.48	0.44	0.40	0.36	0.32	0.29	0.26	0.23	0.21	0.19

注：b 为矩形桩短边尺寸，d 为桩直径

（2）抗拔桩

钢筋混凝土轴心抗拔桩的正截面受拉承载力应符合下式

$$N \leqslant f_y A_s + f_{py} A_{py} \qquad (3-58)$$

式中：N——荷载效应基本组合下桩顶轴向拉力设计值，kN；

f_y，f_{py}——分别为普通钢筋、预应力钢筋的抗拉强度设计值，MPa；

A_s，A_{py}——分别为普通钢筋、预应力钢筋的截面面积，mm^2。

抗拔桩的裂缝控制计算应符合下列规定。

①对于严格要求不出现裂缝的一级裂缝控制等级预应力混凝土基桩，在荷载效应标准组合下，混凝土不应产生拉应力，即符合下式要求

$$\sigma_{ck} - \sigma_{pc} \leqslant 0 \qquad (3-59)$$

②对于一般要求不出现裂缝的二级裂缝控制等级预应力混凝土基桩，在荷载效应标准组合下的拉应力，不应大于混凝土轴心受拉强度标准值，即符合下面两式的要求。

在荷载效应标准组合下

$$\sigma_{ck} - \sigma_{pc} \leqslant f_{tk} \qquad (3-60)$$

在荷载效应准永久组合下

$$\sigma_{cq} - \sigma_{pc} \leqslant 0 \qquad (3-61)$$

③对于允许出现裂缝的三级裂缝控制等级基桩，按荷载效应标准组合计算的最大裂缝宽度应符合下列规定

$$\omega_{max} \leqslant \omega_{lim} \qquad (3-62)$$

式中：σ_{ck}，σ_{cq}——分别为荷载效应标准组合、准永久组合下正截面法向应力，MPa；

σ_{pc}——为扣除全部应力损失后，桩身混凝土的预应力，MPa；

f_{tk}——为混凝土轴心抗拉强度标准值，MPa；

ω_{max}——为按荷载效应标准组合计算的最大裂缝宽度，mm；

ω_{lim}——为最大裂缝宽度限值，mm，按表 3-22 取用。

表 3-22　桩身的裂缝控制等级及最大裂缝宽度限值表

环境类别		钢筋混凝土桩		预应力混凝土桩
		裂缝控制等级	ω_{lim}/mm	裂缝控制等级
二	a	三	0.2(0.3)	二
	b	三	0.2	二
三		三	0.2	一

注：①当水、土为强腐蚀性时，裂缝控制等级应提高一级

②在二 a 类环境中，长年位于地下水位以下的差桩，其最大裂缝宽度限值可采用括号中的数值

③预应力管桩抗拔时，桩身裂缝控制等级应为一级

（3）预制桩

下面主要介绍预制桩在吊运以及成桩过程中的桩身结构验算问题。

预制桩吊运时，单吊点和双吊点的设置应按吊点（或支点）跨间正弯矩与吊点处的负弯矩相等的原则进行布置。考虑预制桩吊运时可能受到冲击和振动的影响，计算吊运弯矩和吊运

拉力时,可将桩身重力乘以 1.5 的动力系数。

施工时,最大锤击压应力和最大锤击拉应力应该分别不超过混凝土的轴心抗压强度设计值和轴心抗拉强度设计值。

对于裂缝控制等级为一级、二级的混凝土预制桩、预应力混凝土管桩,可按下列规定验算桩身的锤击压应力和锤击拉应力。

最大锤击压应力 σ_p 可按下式计算

$$\sigma_p = \frac{\alpha \sqrt{2e\gamma_p H}}{\left[1 + \dfrac{A_c}{A_H}\sqrt{\dfrac{E_c\gamma_c}{E_H\gamma_H}}\right]\left[1 + \dfrac{A}{A_c}\sqrt{\dfrac{E\gamma_p}{E_c\gamma_c}}\right]} \qquad (3-63)$$

式中:σ_p——桩的最大锤击压应力,kPa;

α——锤型系数,自由落锤为 1.0,柴油锤取 1.4;

e——锤击效率系数,自由落锤为 0.6,柴油锤取 0.8;

A_H, A_c, A——分别为锤、桩垫、桩的实际断面面积,m^2;

E_H, E_c, E——分别为锤、桩垫、桩的纵向弹性模量,MPa;

$\gamma_H, \gamma_c, \gamma_p$——分别为锤、桩垫、桩的重度,$kN/m^3$;

H——锤落距,m。

当桩需穿越软土层或桩存在变截面时,可按表 3-23 确定桩身的最大锤击拉应力。

表 3-23 最大锤击拉应力 σ_c 建议值

应力类别	桩 类	σ_c 建议值/kPa	出现部位
桩轴向拉应力值	预应力混凝土管桩	$(0.33\sim0.5)\sigma_p$	①桩刚穿越软土层时;
	混凝土及预应力混凝土桩	$(0.25\sim0.33)\sigma_p$	②距桩尖 $(0.5\sim0.7)l$ 处
桩截面环向拉应力或侧向拉应力	预应力混凝土管桩	$0.25\sigma_p$	最大锤击压应力相反的截面
	混凝土及预应力混凝土桩(侧向)	$(0.22\sim0.25)\sigma_p$	

另外,除了满足上述规定之外,桩身尚应符合国家标准《混凝土结构设计规范》(GB 50010—2002)、《钢结构设计规范》(GB 50017—2003)和《建筑抗震设计规范》(GB 50011—2001)的相关规定。

2. 构造要求

根据成桩方法并考虑材料性质,工程中常用的桩型有灌注桩、混凝土预制桩、预应力混凝土空心桩、钢桩几种,以下主要讨论三种类型桩的桩身构造要求。

(1)灌注桩

灌注桩的桩身混凝土等级不得低于 C25,混凝土预制桩尖不得低于 C30;灌注桩主筋的混凝土保护层厚度,不应小于 35 mm;水下灌注混凝土不得小于 50 mm。

当桩径为 300~2000 mm 时,正截面配筋率可取 0.65%~0.2%(小桩径取高值,大桩径取低值),对受荷载特别大的桩、抗拔桩和嵌岩端承桩应根据计算确定配筋率。灌注桩的主筋不应小于 6Φ10;对于受水平荷载的桩,主筋不应小于 8Φ12。纵向主筋应沿桩身周边均匀布置,其净距不应小于 60 mm。

对端承型和位于坡地岸边的基桩应沿桩身通长配筋;对于桩径大于 600 mm 的摩擦型桩,配筋长度不应小于 2/3 桩长;受水平荷载时,配筋长度不宜小于 4.0/a(a 为桩的水平变形系数);对受地震作用的桩、受负摩阻的桩以及抗拔桩等配筋还要符合规范相应的要求。

箍筋应采用直径不小于 6 mm、间距 200～300 mm 的螺旋式箍筋,对受水平荷载较大的桩基、承受水平地震作用的桩基以及考虑主筋作用计算桩身受压承载力时,桩顶 5d 范围内箍筋应加密,间距不应大于 100 mm;液化土层范围内箍筋应加密。当钢筋笼长度超过 4 m 时,应每隔 2 m 左右设一道直径 12～18 mm 的焊接加劲箍筋。

(2)混凝土预制桩

混凝土预制桩的截面边长不应小于 200 mm,预应力混凝土预制桩的截面边长不宜小于 350 mm。

预制桩的混凝土等级不宜低于 C30,预应力混凝土实心桩的混凝土等级不应低于 C40,预制桩纵向钢筋的混凝土保护层厚度不宜小于 30 mm。预制桩的桩身配筋应按吊运、打桩以及桩在使用中的受力条件计算确定。锤击法沉桩时,预制桩的最小配筋率不宜小于 0.8%;静压法沉桩时,最小配筋率不宜小于 0.6%,主筋直径不宜小于 Φ14 mm,打入桩桩顶(4～5)d 长度范围内箍筋应加密,并设置钢筋网片。

预制桩的分节长度应根据施工条件及运输条件确定,每根桩的接头数量不宜超过 3 个。

3.7.8　承台结构设计

1. 承台构造与配筋

(1)承台构造的最小尺寸

①承台最小宽度不应小于 500 mm,承台边缘至桩中心的距离不宜小于桩的直径或边长,且边缘的挑出部分不应小于 150 mm,对于墙下条形承台梁,桩的外边缘至承台梁边缘的距离不应小于 75 mm,承台的最小厚度不应小于 300 mm。

②高层建筑平板式和梁板式筏形承台的最小厚度不应小于 400 mm,多层建筑墙下布桩的筏形承台的最小厚度不应小于 200 mm。

③筏形、箱形承台板的厚度,对于桩布置于墙下或基础梁下的情况不宜小于 250 mm,且板厚与计算区段最小跨度之比不宜小于 1/20。

(2)承台混凝土

①承台混凝土强度等级不宜小于 C15,采用 Ⅱ 级钢筋时,混凝土强度等级不宜小于 C20。

②承台底面钢筋的混凝土保护层厚度,当有混凝土垫层时,不应小于 50 mm;无垫层时,不应小于 70 mm,并且不应小于桩头嵌入承台内的长度。

③垫层厚度宜为 100 mm,强度等级宜为 C7.5。

(3)承台的钢筋配置

①承台梁的纵向主筋直径不宜小于 Φ12 mm,架立筋直径不宜小于 Φ10 mm,钢箍直径不宜小于 Φ6 mm,承台梁端部纵向受力钢筋的锚固长度及构造应与柱下多桩承台的规定相同。

②柱下独立桩基承台的受力钢筋应通长配置。

③矩形承台板钢筋宜按双向均匀配置,最里面三根钢筋相交围成的三角形应位于桩截面范围内。

④对于三桩承台,应按三向板带均匀配置,最里面三根钢筋相交围成的三角形位于桩截面

范围内。

⑤筏形承台板的分布构造钢筋,可采用 Φ10～12 mm,间距 150～200 mm;当考虑局部弯曲作用按照倒楼法计算内力时,考虑到整体弯曲的影响,纵横两方向尚应有 1/2～1/3 的支座钢筋,且配筋率不小于 0.15%,贯通全跨配置;跨中钢筋应按计算配筋率全部通过。

⑥箱形承台的顶面与底面的配筋,应综合考虑承受整体弯曲钢筋的配置部位,不充分发挥各截面钢筋的作用;当仅按局部弯曲作用计算内力时,考虑到整体弯曲的影响,钢筋配置量除符合局部弯曲计算要求外,纵横两方向支座钢筋尚应有 1/3～1/2 且配置筋率分别不小于 0.15%、0.10%贯通全跨配置,跨中钢筋应按实际配筋率全部通过。

(4)桩与承台的连接

①桩顶嵌入承台的长度对于大直径桩,不宜小于 100 mm;对于中等直径桩不宜小于 50 mm;

②混凝土桩的桩顶主筋应伸入承台内,其锚固长度不宜小于 30 倍主筋直径,对于抗拔桩基不应小于 40 倍主筋直径;

③预应力混凝土桩可采用钢筋与桩头钢板焊接的连接方法;

④钢桩宜采用在桩头加焊锅形板或钢筋的连接方法。

(5)承台之间的连接

柱下单桩宜在桩顶两个相互垂直方向上设置连系梁以传递、分配柱底的剪力和弯矩,增强整个建筑物桩基的协同工作能力,也符合结构内力分析时假定为固端的计算模式。

两桩直径的承台,在承台的短边方向的抗弯刚度较小,宜设置承台间的连系梁。如桩底的剪力和弯矩不大,也不需设置连系梁。

对于有抗震要求的柱下单桩基础,宜设置纵横向连系梁,这是由于在单桩荷载作用下,建筑物下各单桩基础之间所受剪力、弯矩是非同步的,设置连系梁有利于剪力和弯矩的传递与分配。

连系梁顶面与承台顶面宜位于同一标高,以利于直接传递柱底剪力和弯矩。确定连系梁的截面尺寸时,一般将柱底剪力作用于梁的端部,按受压确定其截面尺寸,按受拉确定配筋。连系梁的宽度不宜小于 200 mm,其高度可取承台中心距的 1/15～1/10;连系梁的配筋应根据计算确定,不宜小于 4Φ12 mm;承台埋深应不小于 600 mm。

2. 承台内力计算

(1)受弯计算

桩基承台应进行正截面受弯承载力计算,柱下独立桩基承台的正截面弯矩设计值可按下列规定计算。

①柱下多桩矩形承台。两桩或多桩矩形承台弯矩计算截面取在柱边和承台变阶处(如图 3-24),可按下列公式计算

$$M_x = \sum N_i y_i \tag{3-64a}$$

$$M_y = \sum N_i x_i \tag{3-64b}$$

式中,M_x,M_y——分别为绕 X 轴和绕 Y 轴方向计算截面处的弯矩设计值;

x_i,y_i——分别为垂直 Y 轴和 X 轴方向自桩轴线到相应计算截面的距离;

N_i——不计承台及其上土重,在荷载效应基本组合下的第 i 基桩或复合基桩竖向反力设计值。

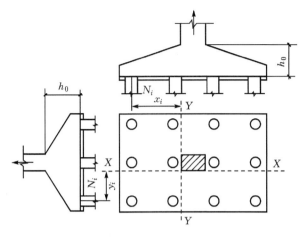

图 3-24　矩形多桩承台弯矩计算示意图

②等腰三桩承台。等腰三桩承台正截面弯矩计算（见图 3-25）公式为

$$M_1 = \frac{N_{\max}}{3}\left(s - \frac{0.75}{\sqrt{4-\alpha^2}}c_1\right) \tag{3-65a}$$

$$M_2 = \frac{N_{\max}}{3}\left(\alpha s - \frac{0.75}{\sqrt{4-\alpha^2}}c_2\right) \tag{3-65b}$$

式中，M_1，M_2——分别为通过承台形心至两腰边缘和底边边缘正交截面范围内板带的弯矩设
计值；

s——长向桩中心距；

α——短向桩中心距与长向桩中心距之比，当 α 小于 0.5 时，应按变截面的二桩承台设计；

c_1，c_2——分别为垂直于、平行于承台底边的柱截面边长。

当为等边三桩承台时，承台正截面弯矩计算公式为

$$M_1 = \frac{N_{\max}}{3}\left(s - \frac{3}{4}c\right) \tag{3-66}$$

式中，s——桩中心距；

c——方柱边长，圆柱时 $c = 0.8d$（d 为圆柱直径）。

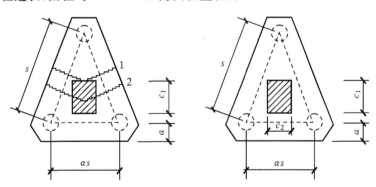

图 3-25　等腰三桩承台弯矩计算示意图

（2）受冲切计算

承台冲切破坏的方式，一种是柱对承台的冲切，另一种是角桩对承台的冲切。

①柱对承台的冲切计算。柱对承台的冲切计算可参照图 3-26 所示的示意图进行。

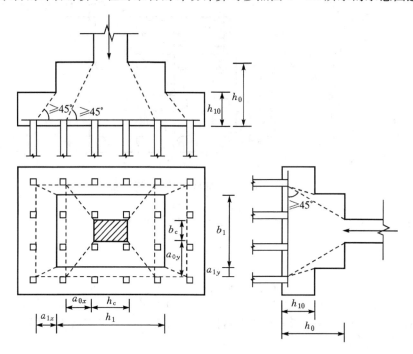

图 3-26　柱对承台冲切计算示意图

柱对承台冲切的承载力可按下列公式计算

$$F_l \leqslant 2[\beta_{0x}(b_c + a_{0y}) + \beta_{0y}(h_c + a_{0x})]\beta_{hp}f_t h_0 \tag{3-67}$$

其中

$$F_l = F - \sum Q_i$$

$$\beta_{0x} = \frac{0.84}{\lambda_{0x} + 0.2}$$

$$\beta_{0y} = \frac{0.84}{\lambda_{0y} + 0.2}$$

式中：F_l——不计承台及其上土重，在荷载效应基本组合下作用于冲切破坏锥体上的冲切力设计值；

β_{hp}——承台受冲切承载力截面高度影响系数，当 $h \leqslant 800$ mm 时，β_{hp} 取 1.0，当 $h \leqslant 2000$ mm时，β_{hp} 取 0.9，其间按线性内插值法取值；

f_t——承台混凝土抗拉强度设计值；

h_0——承台冲切破坏锥体的有效高度；

h_c,b_c——分别为 x,y 方向的柱截面的边长；

a_{0x},a_{0y}——分别为 x,y 方向柱边至最近桩边的水平距离；

$\lambda_{0x},\lambda_{0y}$——分别为 x,y 方向的冲跨比，由公式 $\lambda_{0x} = a_{0x}/h_0$，$\lambda_{0y} = a_{0y}/h_0$ 计算得出，当 λ_{0x} 和 λ_{0y} 小于 0.25 时，取 0.25；当 λ_{0x} 和 λ_{0y} 大于 1.0 时，取 1.0。

F——不计承台及其上土重,在荷载效应基本荷载下柱(墙)底的竖向荷载设计值;

$\sum Q_i$——不计承台及其上土重,在荷载效应基本组合下冲切破坏锥体内各基桩或基桩
的反力设计值之和。

当承台厚度较大时,承台必须设计成台阶形,并进行变阶处抗冲切验算,其公式如下

$$F_l \leqslant 2[\beta_{1x}(b_1 + a_{1y}) + \beta_{1y}(h_1 + a_{1x})]\beta_{hp} f_t h_{10} \tag{3-68}$$

式中:β_{1x},β_{1y}——由式(3-67)求得,$\lambda_{1x} = a_{1x}/h_{10}$,$\lambda_{1y} = a_{1y}/h_{10}$;$\lambda_{1x}$,$\lambda_{1y}$ 均应满足 0.25~1.0 的
要求;

h_1,b_1——分别为 x,y 方向承台上阶的边长;

a_{1x},a_{1y}——分别为 x,y 方向承台上阶边至最近桩边的水平距离。

对于圆柱及圆桩,计算时应该将其截面换算成正方柱及方柱,即取换算柱截面边长 $b_c = 0.8d_c$(d_c 为圆柱直径),换算桩截面边长 $b_p = 0.8d$(d 为圆桩直径)。

②角桩对承台冲切承载力。角桩对承台的冲切主要分为多桩矩形承台受角桩冲切和三桩
三角形承台受角桩冲切的承载力两种情况,分别见图 3-27 和图 3-28。

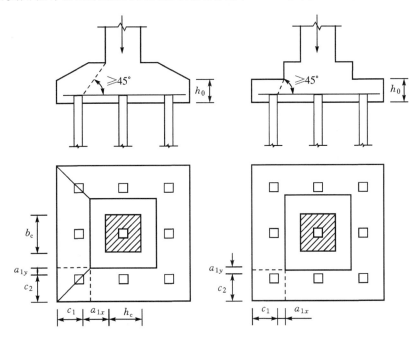

图 3-27　多桩矩形承台受角桩冲切计算示意图

多桩矩形承台受角桩冲切计算式如下

$$N_l \leqslant [\beta_{1x}(c_2 + a_{1y}/2) + \beta_{1y}(c_1 + a_{1x}/2)]\beta_{hp} f_t h_0 \tag{3-69}$$

其中

$$\beta_{1x} = \frac{0.56}{\lambda_{1x} + 0.2}$$

$$\beta_{1y} = \frac{0.56}{\lambda_{1y} + 0.2}$$

式中:N_l——不计承台及其上土重,在荷载效应基本组合作用下角桩(含复合基桩)反力设

计值；

β_{1x}，β_{1y}——角桩冲切系数；

a_{1x}，a_{1y}——从承台底角桩顶内边缘 45°冲切线与承台顶面相交点至角桩内边缘的水平距离；当柱(墙)边或承台变阶处位于该 45°线以内时,则取由柱(墙)边或承台变阶处与柱内边缘连线为冲切锥体的锥线；

h_0——承台外边缘的有效高度；

λ_{1x}，λ_{1y}——角桩冲跨比,$\lambda_{1x}=a_{1x}/h_0$，$\lambda_{1y}=a_{1y}/h_0$,其值均应满足 0.25~1.0 的要求。

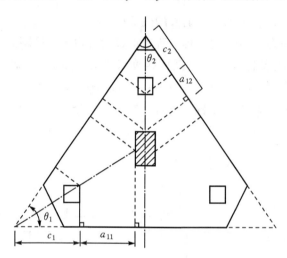

图 3-28　三桩三角形承台受角桩冲切计算示意图

三桩三角形承台受角桩冲切的承载力计算式如下

底部角桩

$$N_l \leqslant \beta_{11}(2c_1 + a_{11})\beta_{hp}\tan\frac{\theta_1}{2}f_t h_0 \qquad (3-70)$$

其中

$$\beta_{11}=\frac{0.56}{\lambda_{11}+0.2}$$

顶部角桩

$$N_l \leqslant \beta_{12}(2c_2 + a_{12})\beta_{hp}\tan\frac{\theta_2}{2}f_t h_0 \qquad (3-71)$$

其中

$$\beta_{12}=\frac{0.56}{\lambda_{12}+0.2}$$

式中：λ_{11}，λ_{12}——角桩冲跨比,$\lambda_{11}=a_{11}/h_0$，$\lambda_{12}=a_{12}/h_0$,其值均应满足 0.25~1.0 的要求；

a_{11}，a_{12}——从承台底角桩顶内边缘 45°冲切线与承台顶面相交点至角桩内边缘的水平距离；当柱(墙)边或承台变阶处位于该 45°线以内时,则取由柱(墙)边或承台变阶处与柱内边缘连线为冲切锥体的锥线。

(3)受剪计算

柱下桩基独立承台应分别对柱边和桩边、变截面和桩边连线形成的斜截面进行受剪计算,计算示意图如图 3-29 所示。当柱边外有多排桩形成多个剪切斜截面时,应对每个斜截面进行验算。

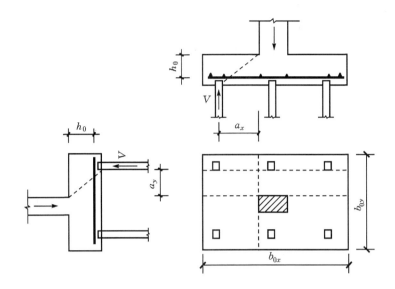

图 3 - 29　承台斜截面受剪计算示意图

承台斜截面受剪承载力可按下式计算

$$V \leqslant \beta_{hs} \alpha f_t b_0 h_0 \tag{3-72}$$

其中

$$\alpha = \frac{1.75}{\lambda + 1}$$

$$\beta_{hs} = \left(\frac{800}{h_0} \right)^{1/4}$$

式中：V——不计承台及其上土自重，在荷载效应基本组合下，斜截面的最大剪力设计值；

f_t——承台混凝土轴心抗拉强度设计值；

b_0——承台计算截面处的计算宽度；

h_0——承台计算截面处的有效高度；

α——承台剪切系数；

λ——计算截面的剪跨比，$\lambda_x = a_x / h_0$，$\lambda_y = a_y / h_0$，此处，a_x，a_y 为柱边（墙边）或承台变阶处至 y，x 方向计算一排桩的水平距离；当 $\lambda < 0.25$ 时，取 $\lambda = 0.25$，$\lambda > 3$ 时，取 $\lambda = 3$；

β_{hs}——受剪切承载力截面高度影响系数；当 $h_0 < 800$ mm 时，取 $h_0 = 800$ mm，当 $h_0 > 2000$ mm时，取 $h_0 = 2000$ mm，其间按线性内插值法取值。

【例 3 - 5】某实验大厅地质剖面及土性指标如下图及表所示。设上部结构传至设计地面处，相应于荷载效应的标准组合的竖向力 $F_k = 2035$ kN，弯矩 $M_k = 330$ kN·m，水平力 $H_k = 55$ kN。经过经济技术比较后决定采用钢筋混凝土预制板，设计该桩基础。（相应于荷载效应准永久组合时，竖向力 $F = 1950$ kN）

6 地基土物理力学性质指标表

编号	土名	厚度 h_i/m	γ /(kN/m³)	G	ω /%	e	ω_L /%	ω_F /%	I_P	I_L	饱和度 S_r	E_S /MPa	$N_{63.5}$	q_{pa} /(kN/m³)	q_{sia} /(kN/m³)
①	杂填土	1.7	16												
②	粉质黏土	2.0	18.7	2.71	24.2	0.8	29	17	12	0.6	0.82	8.5			28
③	黏土	4.5	19.1	2.71	37.5	0.95	38	18	20	0.98	1.0	6.0			20
④	中砂	4.6	20	2.68							1.0	20	20	2533	33.3
⑤	粉质黏土	8.6	19.8	2.71	27.7	0.75	29	17	12	0.89	1.0	8.0			
⑥	密实砾石层	>8 m	20.2										40		

桩穿越各层土的平均摩擦角为 $\varphi = 20°$。

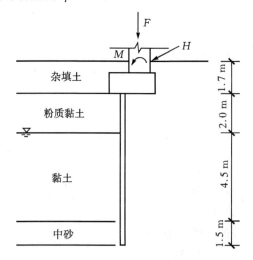

【解】 1. 初步选择持力层,确定桩形和尺寸

根据荷载和地质条件,以第④中砂层为桩端持力层。采用截面为 300 mm×300 mm 的预制钢筋混凝土方桩。桩端进入持力层为 1.5 m,桩长 8 m,承台埋深为 1.7 m。

2. 确定单桩承载力特征值

由于无试桩资料,因此可按照土层物理力学指标估算单桩承载力特征值如下

$$R_a = q_{pa}A_p + u_p \sum_{i=1}^{n} q_{sia}h_i$$

$$A_p = 0.3 \times 0.3 = 0.09 \text{ m}^2$$

$$R_a = 2533 \times 0.09 + 1.2 \times (28 \times 2.0 + 20 \times 4.5 + 33.3 \times 1.5) = 463 \text{ kN}$$

3. 初步确定桩数及承台尺寸

先假设承台尺寸为 2 m×2 m,厚度为 1.0 m,承台及其上土平均重度为 20 kN/m³,则承台及其上土自重标准值为

$$G_k = 20 \times 2 \times 2 \times 1.7 = 136 \text{ kN}$$

则可得到：$n \geqslant \dfrac{F_k + G_k}{R_a} = \dfrac{2035 + 136}{463} = 4.69$。

取 5 根桩，承台的平面尺寸为 1.6 m × 2.6 m，如下图所示。

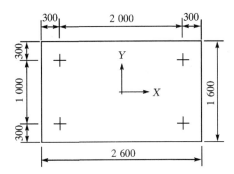

4. 群桩基础中单桩承载力验算

按照设计的承台尺寸计算 $G_k = 1.6 \times 2.6 \times 1.7 \times 20 = 141.4$ kN。

单桩的平均竖向力按照下式计算

$$Q_k = \frac{F_k + G_k}{n} = \frac{2035 + 141.4}{5} = 435.3 \text{ kN}$$

$$Q_k = 435.3 < R_a = 463 \text{ kN（满足要求）}$$

计算单桩偏心荷载下最大竖向力为

$$Q_{k\max} = \frac{F_k + G_k}{n} + \frac{M_y x_i}{\sum x_i^2} = 435.3 + \frac{(330 + 55 \times 1.7) \times 1.0}{4 \times 1.0^2} = 541.2 \text{ kN}$$

偏心竖向力作用下，$Q_{k\max}$ 还满足：$Q_{k\max} < 12.R_a$ 经验算，$Q_{k\max} = 541.2$ kN $< 1.2R_a = 555.6$ kN，满足要求。

由于水平力 $H_k = 55$ kN，较小，可不验算单桩水平承载力。

5. 承台抗冲切验算

（1）柱的向下冲切验算

$$F_l \leqslant 2[\beta_0 (b_c + a_{0y}) + \beta_{0y}(a_c + a_{0x})]\beta_{hp} f_t h_0$$

式中：　　$a_{0x} = 0.55$ m，　$\lambda_{0x} = \dfrac{a_{0x}}{h_0} = \dfrac{0.55}{0.85} = 0.647$，　$\beta_{0x} = \dfrac{0.84}{\lambda_{0x} + 0.2} = 0.99$

$a_{0y} = 0.15$ m，　$\lambda_{0y} = 0.2$，　$\beta_{0y} = 2.1$

$b_c = 0.4$ m，　$a_c = 0.6$ m，　$\beta_{hp} = 1 - \dfrac{1 - 0.9}{2000 - 800}(900 - 800) = 0.992$

则

$$2[\beta_0 (b_c + a_{0y}) + \beta_{0y}(a_c + a_{0x})]\beta_{hp} f_t h_0$$
$$= 2[0.99 \times (0.4 + 0.15) + 2.1 \times (0.6 + 0.55)] \times 0.992 \times 1100 \times 0.85$$
$$= 5227 \text{ kN}$$

桩顶平均净反力

$$N = \frac{2747}{5} = 549.4 \text{ kN}$$

根据式 $F_l = F - \sum N_i$ 有
$$F_l = F - N = 2247 - 549.4 = 2198 \text{ kN}$$
满足多桩矩形承台的角桩冲切计算条件。

(2)角桩的冲切验算

根据式(3-69),冲切力 N_l 必须不大于抗冲切力,即满足

$$N_l \leqslant \left[\beta_{1x} \times \left(c_2 + \frac{a_{1y}}{2}\right) + \beta_{1y}\left(c_1 + \frac{a_{1x}}{2}\right)\right]\beta_{hp} f_t h_0$$

式中
$$c_1 = c_2 = 0.45 \text{ m}$$

$$a_{1x} = 0.55, \quad \lambda_{1x} = \frac{a_{1x}}{h_0} = 0.647, \quad \beta_{1x} = \frac{0.56}{\lambda_{1x} + 0.2} = 0.66$$

$$a_{1y} = 0.15, \quad \lambda_{1y} = 0.2, \quad \beta_{1y} = \frac{0.56}{0.4} = 1.4$$

$$N_l = N_{max} = 692.4 \text{ kN}$$

$$\text{抗冲切力} = \left[0.66 \times \left(0.45 + \frac{0.15}{2}\right) + 1.4 \times \left(0.45 + \frac{0.55}{2}\right)\right] \times 0.992 \times 1100 \times 0.85$$
$$= 1.36 \times 0.992 \times 1100 \times 0.850 = 1261 \text{ kN(符合要求)}$$

6.抗弯计算与配筋计算

在承台结构计算中,取相应于荷载效应基本组合的设计值,荷载效应系数取 1.35,按照下式计算

$$F = 1.35 F_k = 2747 \text{ kN}$$
$$M = 1.35 M_k = 445.5 \text{ kN} \cdot \text{m}$$
$$H = 1.35 H_k = 74.3 \text{ kN}$$

承台进一步设计为:取承台厚 0.9 m,下设厚度为 100 mm、强度等级为 C10 的混凝土垫层,保护层为 50 mm,则 $h_0 = 0.85$ mm;混凝土强度等级为 C20,混凝土的抗拉强度为 $f_t = 1.1 \text{ N/mm}^2$,钢筋选用 HRB335 级,$f_y = 300 \text{ N/mm}^2$,如下图所示。

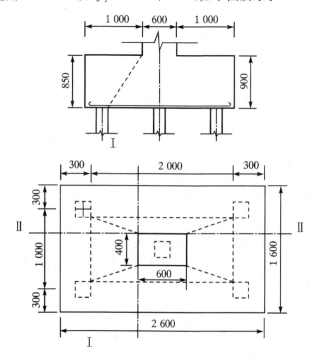

则各桩不计承台以及其上土重 G_k 部分的净反力 $\overline{N}$ 为

$$\overline{N} = 1.35\frac{F_k}{n} = 549.45 \text{ kN}$$

最大竖向力 $N_{max} = 1.35\left(\frac{F_k}{n} + \frac{M_y x_{max}}{\sum x_i}\right) = 1.35 \times (407 + 105.90) = 692.4 \text{ kN}$。

对于 Ⅰ—Ⅰ 断面:

$$M_y = \sum \overline{N} x_i = 2N_{max} \times x_i = 2 \times 629.4 \times 0.7 = 969.4 \text{ kN} \cdot \text{m}$$

钢筋面积
$$A_s = \frac{M_y}{0.9 f_y h_0} = \frac{969.4 \times 10^6}{0.9 \times 300 \times 850} = 4224 \text{ mm}^2$$

采用 14 根直径为 20 mm 的钢筋,$A_s = 4397 \text{ mm}^2$,平行于 x 轴布置。

对于 Ⅱ—Ⅱ 断面:

$$M_x = \sum \overline{N} y_i = 2\overline{N} \times y_i = 2 \times 549.5 \times 0.30 = 329.7 \text{ kN} \cdot \text{m}$$

钢筋面积
$$A_s = \frac{M_x}{0.9 f_y h_0} = \frac{329.7 \times 10^6}{0.9 \times 300 \times 850} = 1436.6 \text{ mm}^2$$

选用 14 根直径为 12 mm 的钢筋,$A_s = 1582 \text{ mm}^2$,平行于 y 轴布置。

7. 承台抗剪验算

根据下式,剪切力 V 必须不大于抗剪切力,即满足

$$V \leqslant \beta_{hs}\beta f_t b h_0$$

对于 Ⅰ—Ⅰ 截面:

$$a_x = 0.55 \text{ m}, \quad \lambda_x = \frac{a_x}{h_0} = 0.647, \quad \beta = \frac{1.75}{\lambda + 1} = 1.06$$

$$\beta_{hs} = \left(\frac{800}{h_0}\right)^{\frac{1}{4}} = 0.985, \quad b = 1.6 \text{ m}$$

$$V = 2 \times N_{max} = 2 \times 692.4 = 1384.8 \text{ kN}$$

抗剪切力 $= 0.985 \times 1.06 \times 1100 \times 1.6 \times 0.85 = 1562 \text{ kN}$,符合要求。

对于 Ⅱ—Ⅱ 断面:

$$a_{1y} = 0.15 \text{m}, \quad \lambda_y = 0.3, \quad \beta = \frac{1.75}{0.3 + 1} = 0.346, \quad a = 2.6 \text{ m}$$

$$V = 2 \times \overline{N} = 2 \times 579.45 = 1098.9 \text{ kN}$$

抗剪切力 $= 0.985 \times 1.346 \times 1100 \times 2.6 \times 0.85 = 3223 \text{ kN}$,符合要求。

8. 沉降计算

采用实体深基础计算方法,计算中心点沉降。用扣除摩阻力法计算桩端处的附加应力及桩基沉降。

附加应力 p_0 为

$$p_0 = \frac{F + G - 2(a_0 + b_0)\sum q_{sia} h_i}{a_0 b_0}$$

式中 F 为相应于荷载效应准永久组合时分配到桩顶的竖向力。

$F = 1950 \text{ kN}$,$G = 141.4 \text{ kN}$,$a_0 = 2.3 \text{ m}$,$b_0 = 1.3 \text{ m}$,则

$$p_0 = \frac{1950 + 141.4 - 2 \times (2.3 + 1.3)(28 \times 2.0 + 20 \times 4.5 + 33.3 \times 1.5)}{2.3 \times 1.3}$$

$$= \frac{1950 + 141 - 1411}{2.3 \times 1.3} = 227 \text{ kPa}$$

$$\frac{a_0}{b_0} = \frac{2.3}{1.3} = 1.77$$

s' 的计算按照下式进行

$$s' = \sum \frac{p_0}{E_{si}} (z_i \bar{\alpha}_i - z_{i-1} \bar{\alpha}_{i-1})$$

其中平均附加应力系数计算如下表所示。

平均附加应力系数计算表

土层深度与矩形基础长度之比 z_i/a	土层深度与矩形基础宽度之比 z_i/b	$\bar{\alpha}_i$	E_{si}
0	0	1.0	20
1.3	1.0	0.773	20
2.6	2.0	0.531	20
3.1	2.39	0.468	20
3.9	3.0	0.395	8
6.5	5.0	0.258	8
6.8	5.23	0.248	8

则

$$s' = \sum s_i = 227 \times \{[(1.3 \times 0.773) + (2.6 \times 0.531 - 1.3 \times 0.773) + (3.1 \times 0.468$$

$$- 2.6 \times 0.531)] \times \frac{1}{20} + [(3.9 \times 0.395 - 3.1 \times 0.468) + (6.5 \times 0.258$$

$$- 3.9 \times 0.395)] \times \frac{1}{8}\}$$

$$= 22.9 \text{ mm}$$

$$\Delta s_n = (6.8 \times 0.248 - 6.5 \times 0.258) \times \frac{227}{8} = 0.27 \text{ mm} \leqslant 0.025 \sum s_i = 0.57 \text{ mm}$$

$$\overline{E_s} = \frac{\sum A_i}{\sum \dfrac{A_i}{E_{si}}} = \frac{1.678}{0.1} = 16.78 \text{ MPa}$$

$$15 \text{ MPa} < \overline{E_s} < 30 \text{ MPa}, \quad \varphi_p = 0.4$$

$$s = \varphi_p s' = 9.16 \text{ mm}$$

通过计算知,采用扣除摩阻力法算出的沉降量不大。

思考题

1.简述桩基础的优缺点和使用范围。

2.试分别根据桩的承载性状和桩的施工方法对桩分类。

3.简述单桩在竖向荷载下的工作性能及其破坏形式。

4.什么叫负摩阻力和中性点?如何确定中性点的位置及负摩阻力的大小?

5.单桩竖向承载力标准值和设计值有何关系？

6.单桩水平承载力与那些因素有关,设计时如何确定？

7.何为群桩、群桩效应？群桩承载力和单桩承载力之间有什么内在联系？

练习题

1.某工程桩基采用预制混凝土桩,桩截面尺寸为 350 mm×350 mm,桩长 10 m,各土层分布情况如图所示,试确定该基桩的竖向承载力标准值 Q_u 和基桩的竖向承载力设计值 R(不考虑承台效应)。

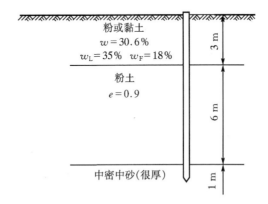

2.某场地土层分布情况为:第一层杂填土,厚 1.0 m;第二层为淤泥,软塑状态,厚 6.5 m;第三层为粉质黏土,I_L=0.25,厚度较大。现需设计一框架内柱的预制基础,柱底地面处的竖向荷载设计值为 F=1700 kN,弯矩为 M=180 kN·m,水平荷载 H=100 kN,初选预制桩截面尺寸 350 mm×350 mm。试设计该桩基础。

第4章　基坑工程

4.1　概　述

4.1.1　基坑工程概念及现状

基坑工程是为保证地下结构施工安全以及周边环境不受影响而采取的支护、土体加固、地下水控制、开挖控制等工程项目的总称,包括勘察、设计、施工、监测、试验等,属于一个综合性的岩土工程问题,涉及到土力学中典型的强度、稳定、变形以及土与支护结构的共同作用等问题。

基坑工程设计通常包括了围护体系设计和基坑开挖设计两大方面。围护体系是指为了保证基坑周围建(构)筑物及地下管线不受损坏,或为满足无水条件下施工所设置的挡土和截水的结构,是保证基坑安全施工的主要受力构件,它既可以作为主体结构的一部分(如将基坑支护墙做成地下室外墙则是将围护体系作为主体结构的一部分),也可以是临时结构(当±0.00以下主体结构施工完成时,围护结构即完成任务)。一般来说,围护体系应满足以下三方面的要求:

①保证基坑周围未开挖土体的稳定,满足地下结构施工有足够的空间,即要求围护体系起到挡土的作用;

②保证基坑周围相邻的建(构)筑物及地下管线在地下结构施工期间不受损害,即要求围护体系起到控制土体变形的作用;

③保证施工作业面在地下水位以上,即要求围护体系有截水作用,并结合降水、排水等措施,将地下水位降到施工作业面以下。

在以上三方面要求中,①和③均需满足,②必须依照周围建(构)筑物和地下管线的位置、承受变形的能力、重要性和一旦损坏可能发生的后果等方面的因素来决定。

必须指出的是,围护结构的安全稳定与基坑开挖设计密切相关。基坑开挖必然会引起周围土体中地下水位和应力场发生变化,引起周围土体产生变形,仅围护体系受力,将对相邻建(构)筑物和地下管线产生不利影响,严重时危及它们的安全和正常使用。而且不合理的开挖方式、步骤和速度又会造成围护体系变形过大甚至失稳而引起基坑坍塌,发生安全事故。因此,在基坑施工过程中,必须确定合理的开挖方式,对围护结构进行监测,并且预先制定应急措施,一旦出现险情,可及时进行补救。总之,在基坑开挖过程中,开挖方式、深度的选择是保证基坑工程安全施工的主导因素,而基坑场地的地质条件和周围环境决定了支护方案的选取。

基坑工程历来被认为是综合性、实践性很强的岩土工程问题。在我国,高层建筑和地下工程发展迅速,但相应的支护结构理论和技术落后于工程实践,这主要表现在:一方面基坑工程理论发展不完善,影响因素较多,可能使设计偏于保守而造成财力和时间的浪费;另一方面,基坑工程易发生事故,造成很大的经济损失和人员伤亡,具有很高的灵活性和较大的风险性。因此在实际工程中基坑工程应该采用理论导向、量测定量、经验判断三者相结合的方法。

目前影响基坑工程精确设计的理论难点主要有以下几个方面：

①支护结构上土压力的计算。目前土压力计算仍然采用传统的土压力计算理论，而不同地区大量的现场监测资料表明，支护结构上内力的理论计算值常大于现场实测值。其主要原因在于：受基坑开挖的影响，作用于预先设置的围护结构上的土压力大小及分布形态受原状土性质、支护变形、基坑的三维效应、地基土的应力状态等多种因素影响，这与墙后人工填土作用于挡土墙上的土压力有较大的不同，目前要准确分析尚有困难。

②土中水的赋存形态及其运动。随着基坑开挖深度的增加，可能涉及赋存形态不同的地下水，如上层滞水、潜水和承压水。基坑开挖、降水和排水会引起地下水渗流，这不仅增加了支护结构上水压力、土压力的计算难度，也使基坑在渗流作用下的渗透稳定性成为深基坑开挖中亟待解决的问题。

③基坑工程对周围环境的影响。目前基坑本身的安全主要是采用极限平衡理论进行稳定分析和设计，但在估计基坑开挖、支护、降水对相邻建筑物、地下设施、地下管线等方面影响时，需要进行变形计算，而变形量预测的难度远远高于稳定分析。

上述基坑工程发展中的三个难点问题的解决必须依赖于岩土力学理论的发展和工程经验的积累，而近年来在我国基坑工程实践中涌现出了许多新技术和新方法，已经大大地推动了土力学基础工程科学研究工作的进程。

4.1.2　基坑工程设计内容

基坑开挖及支护结构设计应满足以下两方面要求：

①不致使坑壁土体失稳或支护结构破坏从而导致基坑本身、周边建筑物和环境的破坏；

②基坑及支护结构变形不应妨碍地下结构的施工或导致相邻建（构）筑物、管线、道路等的正常使用。

根据这两方面要求，基坑工程设计内容通常包括：

①支护结构的强度和变形计算及坑内外土体稳定性计算；

②基坑地下水控制方式及降水、止水帷幕设计；

③施工期间监测设计；

④施工期间可能出现的不利工况验算及应急措施制定。

上述设计内容中的第①项是基坑工程设计的主要内容。对于支护结构强度和变形设计，应根据建筑物本身及周边环境具体情况，将基坑侧壁划分安全等级后再进行设计计算，并且应满足承载能力极限状态和正常使用极限状态两种要求。

表 4-1 为《建筑基坑支护技术规程》(JGJ 120—99)所提供的基坑侧壁安全等级以及相应的重要性系数 γ_0。

表 4-1　基坑侧壁安全等级

安全等级	破坏后果	重要性系数 γ_0
一级	支护结构破坏、土体失稳或过大变形对基坑周边环境及地下结构施工影响很严重	1.1
二级	支护结构破坏、土体失稳或过大变形对基坑周边环境及地下结构施工影响一般	1.0
三级	支护结构破坏、土体失稳或过大变形对基坑周边环境及地下结构施工影响不严重	0.9

特别指出,同一基坑的不同支护边,可以根据破坏后果采用不同的安全等级,采取不同的开挖、支护方法,选用不同的监测项目。

4.2 基坑支护结构型式及破坏类型

基坑支护结构型式一般应根据基坑周边环境、地下结构条件、工程地质和水文地质条件、开挖深度、施工作业设备、施工季节等条件因地制宜地按照经济、技术、环境综合化比较后确定。

不需要任何支护结构的基坑开挖称为放坡开挖,有时还会对开挖的坡面进行一定的防护,如当开挖深度软土不超过 0.75 m,稍密以上的碎石土、砂土不超过 1 m,可塑及可塑以上的粉土、黏土不超过 1.5 m,坚硬黏土不超过 2 m 时,都可进行垂直开挖,不需要做支护。但当超过上述深度时,则需考虑采用围护结构来支护基坑土壁。

4.2.1 基坑支护结构型式分类

基坑支护结构最早是采用木桩,现在常用钢筋混凝土桩、地下连续墙、钢板桩以及通过地基处理方法采用水泥土挡墙、土钉墙等,其型式有多种。支护结构按照设计计算方法常分为桩墙式支护和实体重力式支护两大类,如图 4-1 所示。

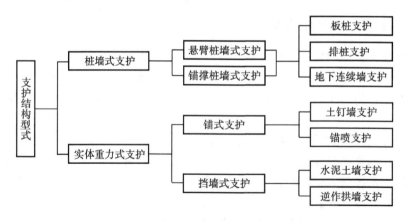

图 4-1 基坑支护结构型式

1. 桩墙式支护结构

桩墙式支护结构也称为非重力式支护结构。常采用钢板桩、钢筋混凝土板桩、柱列式灌注桩、地下连续墙等结构型式。此类支护结构必须使支护桩、墙插入坑底土中一定深度,上部则呈现悬臂或设置锚撑体系。其中悬臂式支护体系主要依靠足够的入土深度和结构的抗弯刚度来挡土和控制墙后土体及结构的变形,其缺点是对开挖深度十分敏感,易产生较大的变形,有可能对相邻建筑物产生不良的影响。而锚撑式支护体系则是在作为挡土结构的桩、墙上设置内支撑、锚杆或地面拉锚,用这些构件来减小或限制因基坑开挖所引起的变形。

桩墙式支护结构应用广泛,适用性强,其中悬臂式桩墙适用于土质较好、开挖深度较小的基坑,而锚撑式桩墙体系适用于开挖深度较大的深基坑,并能适应各种复杂的地质条件。

桩墙式支护结构体系设计计算理论较为成熟,各地区工程经验积累较多,是目前基坑工程中常采用的主要型式。

2.实体重力式支护结构

实体重力式支护结构常采用土钉墙、水泥土搅拌桩挡土墙、锚喷支护等。此类支护结构截面尺寸较大,依靠实体墙身的重力起挡土作用,墙身可设计成格构式或阶梯形等多种形式,设计计算目前按照重力式挡土墙的设计原则进行。

实体重力式支护结构无锚拉或内支撑系统,土方开挖施工方便,适用于小型基坑工程。当土质条件较差时,基坑开挖深度不宜过大;土质条件较好时,水泥搅拌工艺使用受限制。此类支护结构中,土钉墙结构的适应性较好,应用也较广。

4.2.2 常用的支护结构介绍

1.钢板桩

钢板桩可以用钢管、钢板、各种型钢和工厂专门制作的定型产品间隔式打入或带榫槽连接而成,并在中间配备专门的防渗构件,也可以预先连接成片,形成"屏风",整片沉入,用完后可以拔出,也可以不拔出而留在土中。

对于较浅的基坑,钢板桩支护结构可用悬臂式;对于较深的基坑,可采用带内支撑或外部锚定的板桩。图4-2所示为几种钢板桩的断面和结构示意图。

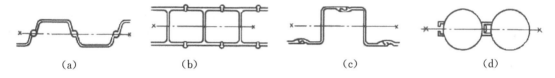

图4-2 钢板桩截面示意图
(a)U形钢板;(b)H形钢板;(c)Z形钢板;(d)钢管

2.钢筋混凝土板桩

预制的钢筋混凝土板桩是一种传统的支护结构,有非预应力板桩和预应力板桩两类,截面形状有矩形、工字形、T形等,截面常带有企口,有一定的挡水作用,如图4-3所示。施工时采用打桩设备沉桩,沉桩至设计标高后在桩顶设置冠梁(也称锁口梁),基础工程施工完毕后不必拔出。目前,由于支护结构型式的发展,该类支护型式应用较少。

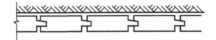

图4-3 钢筋混凝土板桩截面示意图

3.钢筋混凝土排桩

钢筋混凝土排桩常用的桩型是钻孔灌注桩,它是在基坑开挖施工前,沿基坑外围成排施工桩体,形成排桩挡墙。但施工时难以做到两相邻桩相切,故自身挡水效果差。目前常在灌注桩外围施工深层搅拌水泥土桩或旋喷桩,以形成帷幕来防水。此种支护结构灌注桩承受坑壁侧压力,防水帷幕起止水作用,虽然工程造价相对较高,但能保证基坑开挖及基础工程顺利施工,因此在国内应用很普遍。

　　悬臂式排桩支护的基坑开挖深度不宜超过 6 m,否则既不经济,也容易发生较大的侧壁位移。当基坑开挖深度增大时,常增设一道或几道土层锚杆或内支撑以控制变形,如图 4 - 4(a)所示。排桩在平面上的布置可以是单排的,也可以是双排的,既可以一根根紧密排列,也可以间隔布置,如图 4 - 4(b)所示。

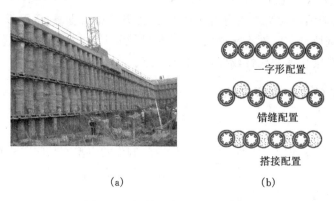

一字形配置

错缝配置

搭接配置

(a)　　　　　　　　　　　　　(b)

图 4 - 4　钢筋混凝土排桩示意图

4.地下连续墙

　　地下连续墙即为地下钢筋混凝土墙体。它是采用特制的挖槽机械沿基坑外围按照设计宽度和深度分单元钻挖出基槽,然后在槽形孔内吊放钢筋骨架,水下浇灌混凝土,施工时各单元间由特制的接头连接以形成地下连续墙体,成为基坑施工中有效的支挡结构。其施工步骤如图 4 - 5 所示。地下连续墙既可以挡土也可以挡水,按开挖深度不同可以是悬臂式的,也可以采用土层锚杆和内支撑加固,有时还可以成为永久建筑物的地下室外墙。

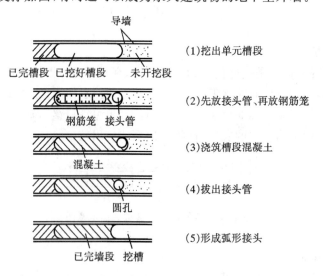

图 4 - 5　地下连续墙施工步骤平面示意图

　　地下连续墙的优点是刚度大,整体性好,它作为支护结构可以有效地控制因基坑开挖而引起坑周地基土的变形,它适用于任何土类。同时在合理支撑的条件下,目前尚无支护深度的限制,但缺点是造价较高。

5. 土钉墙

土钉墙支护是由较密排列的土钉体和喷射混凝土面层所构成的一种类似重力式的挡土墙,其中土钉是主要的受力构件,它常采用螺纹钢筋或型钢。施工时将土钉插入预先钻(掏)成的斜孔中,顶端焊接于混凝土面层内的钢筋网上,然后全孔注浆封填而成,如图 4-6 所示。由于土钉全长注浆并与周围土体连接,增加了土体的强度,改善了土体的力学性质,因此它也是一种土的加筋技术。

土钉墙支护主要依靠土钉与土体间的黏结阻力与周围土体形成复合土体来抵挡侧压力,当土体变形时,土钉处于被动受拉状态,从而使土体得以加固,而土钉之间的土体变形则通过混凝土面板加以约束。

土钉墙支护中土钉的长度宜取为开挖深度的 0.5～1.2 倍,水平、竖直向间距一般取 1～2 m,与水平面夹角宜为 5°～20°,而且基坑侧壁一般开挖成不陡于 1:0.1 的斜坡,但在建筑物密集区,也有很多采用竖直开挖的情况。

土钉墙施工设备简单,施工速度快,工程造价低,对环境干扰小,适宜在地下水位以上的黏土、粉土、填土、砂土、碎石土中使用,不适用于含水丰富的粉细砂、淤泥质土及饱和软黏土等场地,同时也不适于在周边有重要建(构)筑物的基坑使用。因为土钉全孔注浆,不施加预应力,而钉体材料与土体间变形模量相差较大,土钉要发挥作用必然与土体间发生一定的相对位移,此时基坑侧壁的位移及基坑周围地面的沉降量较大,会影响到周边建筑物的正常使用。

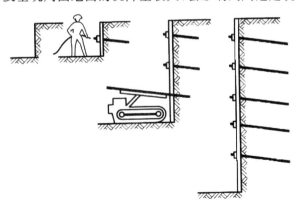

图 4-6　土钉墙支护示意图

6. 锚喷支护

从表面上看锚喷支护与土钉墙支护没有明显的区别,实际上二者的加固机理有很大的不同。锚喷支护的构造如图 4-7 所示,其中土层锚杆是主要受力构件,它分为锚固段和自由段(也称为非锚固段),锚固段设在土体主滑动面之外,采用压力注浆;自由段在土体主滑动面之内,该段不注浆。通常锚固体上覆土层厚度不宜小于 4.0 m,以确保土体具有足够的稳定性,能提供足够的锚固力。

锚喷支护中土层锚杆一般选用钢绞线或螺纹钢筋,上下排间距不宜小于 2.5 m,水平方向间距不宜小于 1.5 m,与水平面夹角为 15°～35°,并且通常施加预应力,因此必须在墙面设置足够刚度的腰梁以传递锚杆拉力。当锚杆受力时,由于预应力的作用,它会通过腰梁以及钢筋网喷射混凝土将压力施加在墙面土体上,并锚固在被动土体中,因而其基坑侧壁和地面变形较小,可用于深度 18 m 以上的基坑。锚喷支护在大面积深基坑开挖支护工程中有很大的优势,它不需要大量的内支撑,不占用大量的施工空间,因此常在黏土、粉土、风化岩层中使用。

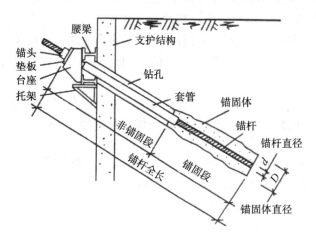

图 4 - 7　锚杆构造示意图

7. 水泥土墙

水泥土墙是在基坑外侧用深层搅拌法或高压喷射注浆法将水泥浆(粉)固化剂在地基土内进行原位强制拌合,形成一排或数排相互搭接的水泥土桩,硬化后即成为具有一定强度的格栅式或连续式的挡墙,如图 4-8 所示。它既可挡土又可作为止水帷幕,属于一种重力式挡土支护结构。

水泥土墙墙体深度为基坑深度加必要的嵌固深度。它适用于基坑周边的任何平面形状,作为开挖深度不太大的基坑的支护结构是较经济的,国内已将其应用于 8 m 深的基坑支护工程中。深层搅拌法或高压喷射注浆法还可用于基坑的局部加固、截水、防渗等。

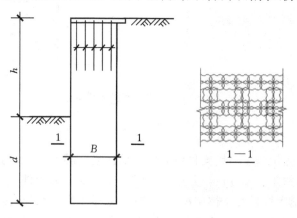

图 4 - 8　水泥土墙支护示意图

8. 逆作拱墙支护

逆作拱墙支护是近年来发展起来的一种支护形式,它可将土压力转化为混凝土拱墙水平方向的压力而使结构受力较合理,也给基坑内留出了较宽敞的施工空间。在平面上,可沿基坑周边做成全封闭的拱圈,也可以局部做成拱形,开挖深度不宜大于 12 m。

逆作拱墙截面宜为 Z 字形,如图 4-9(a)所示,拱壁的上、下端宜加肋梁;当基坑较深且一道 Z 字形拱墙的支护高度不够时,可由数道拱墙叠合组成或沿拱墙高度设置数道肋梁,其竖向间距不宜大于 2.5 m,如图 4-9(b)、(c)。当基坑边坡地较窄时,可不加肋梁但应加厚拱壁,如图 4-9(d)所示。

逆作拱墙施工一般采用"逆作"方式分道进行。先垂直开挖侧壁,等上道拱墙合拢并且混凝土强度达到设计强度的 70％以上,才可进行下道拱墙的施工。在基坑水平方向每道又分段进行,段长一般不超过 12 m,较软弱土或砂层分段长度不超过 8 m,且上下道的竖向分段施工缝应错开。

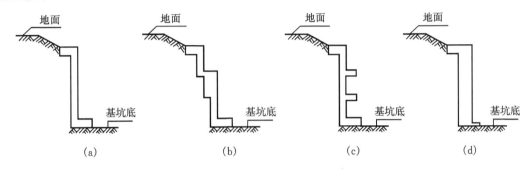

图 4-9　逆作拱墙断面示意图

4.2.3　支护结构的破坏类型

1. 桩墙式支护结构(或非重力式支护结构)

这类支护结构破坏包括强度破坏和稳定性破坏两种。

(1)强度破坏

强度破坏主要包括以下几种情况,见图 4-10(a)、(b)、(c)。

①拉锚破坏或支撑压曲。当地面增加大量荷载,或者实际土压力远大于计算土压力而造成拉杆断裂,或者因锚固段失效、腰梁(围檩)破坏等情况都会引起拉锚破坏;若内支撑断面过小则会引起支撑压曲失稳。为防止出现以上情况,需对锚杆承受的拉力或支撑承受的压力进行计算,以确定拉杆和锚固体的长度、直径、强度以及支撑的截面和强度。

②支护墙底部移动。当支护结构底部入土深度不够,或由于基坑超挖、水的冲刷等原因造成墙底向坑内移动,引起墙后地面下沉,严重者会使支护结构失效,因此需正确计算以确定支护结构的入土深度。

③支护墙面变形过大或弯曲破坏。支护墙横截面过小,或墙后意外增加大量地面荷载而引起实际土压力大于计算土压力,或挖土超过深度等原因,都可能引起这种破坏,而且当墙平面变形过大时,会引起墙后地面产生过大沉降,给临近的建(构)筑物、道路、管线等设施造成损害,因此必须按照墙面所承受的最大弯矩验算墙的截面尺寸。

(2)稳定性破坏

稳定性破坏有以下几种情况,见图 4-10(d)、(e)、(f)。

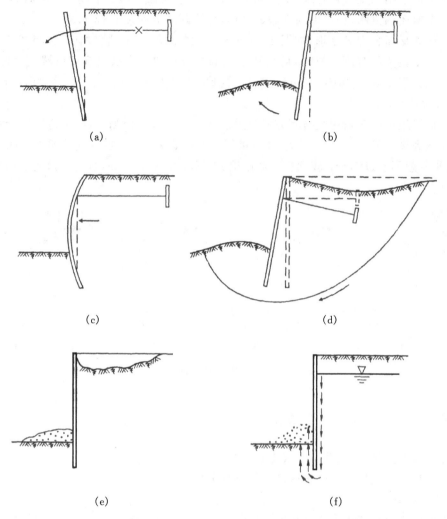

图 4-10　桩墙式支护结构破坏形式

(a)拉锚破坏或支撑压曲；(b)底部移动；(c)平面变形过大或弯曲破坏；

(d)墙后土体整体滑动失稳；(e)坑底隆起；(f)管涌

①墙后土体整体滑动失稳。若拉锚的长度及支护墙的埋深不够，软黏土基坑可能沿圆弧滑动面滑动，支护结构会随土体整体失稳，因此需要对整体稳定性进行验算。

②基坑底部隆起。饱和软黏土区的基坑开挖，由于坑内大量挖土卸荷，坑底土可能在墙后土重及地面荷载作用下产生隆起现象。对于开挖深度较大的基坑应验算坑底土是否可能隆起，必要时需要对坑底土进行加固处理。

③管涌。在砂性土地区进行基坑开挖时，若地下水位较高，挖土后因水头差产生较大的动水压力，此时地下水会绕过支护结构底部并随同砂土一起涌入基坑内，会使基坑内地基土遭到破坏且影响施工，情况严重时会造成墙外土体沉降使邻近建(构)筑物受损。

2. 实体重力式支护结构

实体重力式支护结构的破坏也包括强度破坏及稳定性破坏。强度破坏指支护挡墙自身的抗剪强度不能满足要求,在荷载作用下墙体产生剪切破坏,因此需要对支护结构最大剪应力处的墙身应力进行验算。

稳定性破坏包括以下三种情况:

(1)倾覆

若支护挡墙的截面宽度及埋深不够,在荷载作用下挡墙会随同土体整体倾覆失稳,因此需要进行抗倾覆验算。

(2)滑移

当挡墙与土体的抗滑力不足以抵抗墙后的荷载所产生的推力时,挡墙会产生整体滑动,使挡墙支护作用失效,所以还需要对其进行抗滑移稳定性验算。

(3)土体整体滑动失稳、坑底隆起及管涌

此类破坏情况与非重力的桩墙式支护结构的稳定性破坏情况类似,可参照具体情况确定验算内容。

4.3　支护结构上的荷载计算

作用在支护结构上的荷载主要包括土压力、水压力及基坑周围建(构)筑物和施工荷载引起的侧向压力。一般而言,基坑支护结构外侧的水压力、土压力被认为是荷载,而内侧基底以下的被动土压力、水压力被认为是抗力。

4.3.1　土压力与水压力

1. 土压力计算

当验算支护结构稳定时,土压力一般可按照主动土压力或被动土压力计算,采用库仑或朗肯土压力理论;当对支护结构水平位移有严格限制时,则应采用静止土压力计算。而当按变形控制原则设计支护结构时,作用在支护结构上的土压力可按支护结构与土体的相互作用原理计算。本书土压力计算部分仅介绍稳定计算时的朗肯土压力理论。

(1)地下水位以上的土压力计算

一般按照朗肯土压力理论计算的基坑壁外侧的主动土压力和内侧的被动土压力示意图如图 4-11 所示。

支护结构后地面以下深度为 z_j 点的主动土压力 p_{aj} 为

$$p_{aj} = K_{aj}\left(q + \sum_{i=1}^{j} \gamma_i h_i\right) - 2c_j \sqrt{K_{aj}} \tag{4-1}$$

式中:K_{aj}——主动土压力系数,$K_{aj} = \tan^2\left(45° - \dfrac{\varphi_j}{2}\right)$;

　　　φ_j——深度 z_j 处土的内摩擦角;

　　　c_j——深度 z_j 处土的粘聚力;

　　　q——墙后地面上的均布荷载;

　　　γ_i——第 i 层土的重度;

　　　h_i——第 i 层土的厚度。

基坑底面以下深度为 $z_{j'}$ 处的被动土压力 p_{pj} 为

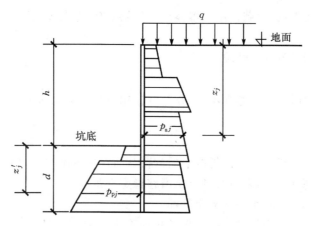

图 4-11 支护结构上的土压力计算示意图

$$p_{pj} = K_{pj} \sum_{i=1}^{j} \gamma_i h_i + 2c_j \sqrt{K_{pj}} \qquad\qquad (4-2)$$

式中：K_{pj}——被动土压力系数，$K_{pj} = \tan^2\left(45° + \dfrac{\varphi_j}{2}\right)$；其余符号同前。

（2）地下水位以下的土压力计算

地下水位以下的土压力在计算时，对于渗透性较强的碎石土、砂土和粉土，一般采用土、水分算的方法，即分别计算作用在支护结构上的土压力和水压力，然后相加。此时地下水位以下土层宜采用土的有效抗剪强度指标。对于渗透性较弱的黏性土，则采用土、水和算的方法，此时地下水位以下的土层宜采用土的自重固结不排水抗剪强度指标。

计算土压力时，分算法常采用有效应力法或总应力法，合算法则常采用总应力法，如式（4-1）和式（4-2）所示。但需要注意，分算法时土的抗剪强度指标采用有效应力强度指标，而合算法则用固结不排水剪确定的强度指标，并用饱和重度 γ_{isat} 替代式中的 γ_i。

（3）墙后填土面有局部均布荷载

对于局部荷载引起的土压力分布情况，仍采用近似分析方法，即地面局部荷载产生的土压力近似地看作沿平行于破裂面的方向（与水平面成 $45° + \varphi/2$ 夹角）传递至墙背上，以此来分析墙背主动土压力的增加情况。这分为以下两种情况：

①距墙顶 l 处作用有连续均布荷载 q。一般由荷载起点引与水平线成 $\left(45° + \dfrac{\varphi}{2}\right)$ 夹角的直线交墙背于 C 点，C 点以上部位处于局部荷载传递范围以外，不考虑均布荷载作用，此时 BA 段墙背面由填土产生的土压力为 $\triangle ABa$ 面积；C 点以下需考虑均布荷载 q 作用，由此引起的土压力为 $acde$ 面积，即 AB 墙背总主动土压力为图形 $ABcde$ 面积，如图 4-12（a）所示。土压力计算方法参见式（4-1）。

②距墙顶 l 处作用有宽度为 l_1 的均布荷载。先按照连续均布荷载作用考虑，此时土压力强度分布图形为 $ABceg$ 的面积，再从局部荷载终点 O' 引 OC 平行线交墙背于 D 点，因 CD 高度范围内需考虑均布荷载，而 D 点以下不需考虑均布荷载影响，所以主动土压力强度分布应为图形 $ABcefda$ 的面积，如图 4-12（b）所示。土压力计算方法参见式（4-1）。

2. 水压力计算

水压力计算与地下水的补给数量、季节变化、施工期间挡土墙结构的入土深度、排水方法

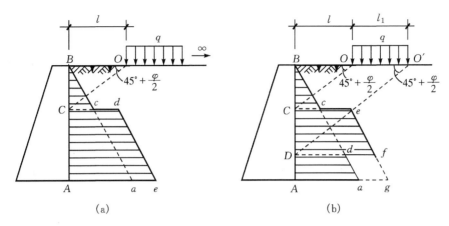

图 4 - 12　墙后局部均布荷载作用下主动土压力计算示意图

(a)距墙顶 l 处作用有连续均布荷载 q；(b)距墙顶 l 处作用有宽度为 l_1 的均布荷载

等因素有关。水压力计算可采用静水压力、按流网法计算渗流或按直线比例法计算渗流等方法求取。

一般支护结构上作用的侧向水压力是由被弱透水层隔开的潜水引起，它通常被认为是静水，按照静水压力计算，具体为

$$p_w = \gamma_w z_i \tag{4-3}$$

式中，γ_w——水的重度；

z_i——地下水位至计算点处的深度。

3.影响支护结构上土压力的因素

(1)支护结构变形对土压力的影响

基坑开挖过程中，支护结构的作用相当于挡土墙，但其刚度却明显小于挡土墙的刚度，受荷载后要产生挠曲，因此作用在支护结构上的土压力与挡土墙墙背上的土压力分布及量值存在相当大的差异。设计中认为，支护结构受力后产生的位移足以使墙后土体达到主动极限平衡状态时，就产生主动土压力。

(2)渗流作用对土压力的影响

在基坑内外存在地下水位差时，坑外高地下水位处的水流基本上是向下竖向渗流，经桩底向上到达基坑底部，由于渗流而产生渗流压力，并按照渗流方向产生渗流力的作用：在基坑外侧主动区的土颗粒受渗流力的作用，使有效应力增大而水压力减小，在基坑内侧被动区则使有效应力减小而水压力增大。其综合作用为：坑外主动区总的水、土压力值减小，这对支护结构受力来说是有利的；坑内被动区总的水、土压力值也减小，这对基坑稳定性是不利的。

(3)其他影响因素

其他影响因素还包括：黄土、膨胀土、冻土等不同土类、施工方法和施工顺序等施工状况、基坑及支护结构的三维效应等因素。

4.3.2　支护结构设计的荷载组合

支护结构设计的荷载组合，应按照现行相关规范并结合支护结构受力特点进行，但现行的

相关规范并不统一。

1.《建筑边坡工程技术规范》(GB 50330—2002)中的规定

①按地基承载力确定挡土结构基础底面积及埋深时,荷载效应组合应采用正常使用极限状态下的标准组合,相应的抗力应采用地基承载力特征值。

②支护结构稳定性验算和锚杆锚固长度计算时,荷载效应组合应采用承载能力极限状态的基本组合,但其荷载分项系数均取1.0,组合系数按现行国家标准规定采用。

③支护结构截面尺寸、内力及配筋计算时,荷载效应组合应采用承载能力极限状态的基本组合,并采用现行国家标准规定的荷载分项系数和组合值系数。结构的重要性系数 γ_0 一级取1.1,二级、三级取1.0。

④计算锚杆变形和支护结构水平位移与垂直位移时,荷载效应组合应采用正常使用极限状态的准永久组合。

⑤在支护结构抗裂计算时,荷载效应组合应采用正常使用极限状态的标准组合,并考虑长期作用影响。

2.《建筑地基基础设计规范》(GB 50007—2002)中的规定

该规范要求在进行支护结构构件截面设计时,应按照永久荷载效应控制的基本组合简化规则确定,即

$$S = 1.35S_k \tag{4-4}$$

式中:S——荷载效应基本组合设计值;

  1.35——综合荷载分项系数;

  S_k——荷载效应标准组合值。

3.《建筑基坑支护技术规程》(JGJ 120—1999)中的规定

支护结构内力(包括截面弯矩设计值、截面剪力设计值)及支点力设计值,分别为其计算值乘以 $1.25\gamma_0$。其中,"计算值"为荷载效应的标准组合值,即用荷载标准值计算支护结构截面弯矩计算值、截面剪力计算值及支点力计算值;"1.25"为与当时《混凝土结构设计规范》配套的荷载综合分项系数。

4.4 桩墙式支护结构内力分析

桩墙式支护结构断面刚度较小,基坑开挖后土体变形所引起的结构自身变形较大,因此支护结构设计必须满足强度、变形以及稳定性要求。

桩墙式支护结构的设计计算包括以下内容:

①嵌固深度的确定;

②支护结构体系内力分析及结构强度设计;

③支护结构稳定性验算。

桩墙式支护结构内力与变形计算常用极限平衡法和弹性抗力法两种。弹性抗力法是将坑前被动区土体用线弹簧来模拟,桩后土压力仍按照经典土压力理论计算,坑前被动区中土抗力为 $p=ky$,其中弹性系数 $k=mx$,m 为坑底土的弹性系数,x 为计算点至坑底的深度,y 为位移。弹性抗力法相对于极限平衡法计算较为复杂,在工程设计中不常用,本节设计计算主要按

照极限平衡法介绍。

极限平衡法假设基坑外侧土体处于主动极限平衡状态,基坑内侧土体处于被动极限平衡状态,桩在水、土压力等侧向荷载作用下满足平衡条件。常用的计算方法有:静力平衡法和等值梁法,这两种方法计算结构内力时假设:

①施工自上而下;

②上部支撑内力在开挖下部土时不变;

③支护桩、墙结构在支撑点处为不动点。

桩墙式支护结构常用悬臂式、单支点式或多支点式。支点可以是锚杆、内支撑或锚定板。本节主要介绍悬臂式和单支点式。

4.4.1　悬臂式支护结构

悬臂式支护结构顶端和上部没有任何支撑和锚杆,完全靠足够的入土深度来保持稳定和平衡,所以一般只用于开挖深度较小的基坑。

悬臂式支护结构可取某一单元体(如单根桩)或单位长度进行内力分析及配筋或强度计算。悬臂式支护结构上部悬臂挡土,下部嵌入坑底下一定深度作为固定,外表看上去像是一端固定的悬臂梁,实际上二者有根本的不同:一是它不能确定固定端的位置,因为杆件在两侧高低差土体作用下,每个截面均发生水平向位移和转角变形;二是它嵌入坑底以下部分的作用力分布很复杂,难于确定。因此若要以悬臂梁为基本结构体系,考虑杆件和土体的变形一致来求解将是非常复杂的。

悬臂式支护结构的设计计算主要包括支护结构上的土压力计算、嵌固深度的确定、内力或强度计算、位移计算等内容。在设计时,通常在地面处自然放坡至一定深度以降低支护结构高度,降低工程造价。

1. 悬臂式支护结构上的侧压力计算

悬臂式支护结构上的侧压力包括土压力和水压力两种。土压力计算常用简化方法如下。

悬臂式支护结构的破坏一般是绕底端以上某点 E 产生转动,如图 4 - 13(a)所示,变形后在支护结构两侧均会出现被动土压力,一般认为 E 点以上墙后为主动土压力,墙前为被动土压力;E 点以下则相反,墙后为被动土压力,墙前为主动土压力,其土压力分布如图 4 - 13(b)所示。一般在设计计算时,为简化只选取 E 点以上的支护体作为计算单元,而将 E 点以下的土压力用一作用于 E 点的集中力 P 来代替以简化计算,如图 4 - 13(c)所示。图中 C 点为支护结构上土压力强度为零的点,即墙前的被动土压力强度 p_p 等于墙后的主动土压力强度 p_a,其在基坑底面以下的深度 e 可直接由 $p_p = p_a$ 确定。土压力的具体计算仍然采用朗肯或库伦土压力理论按式(4 - 1)、(4 - 2)进行。对于非均质土层,则需要分层计算土压力。

2. 嵌固深度 d 的确定

悬臂式支护结构的嵌固深度是依据其抗倾覆稳定性来确定的。

(1)构造要求

①不论是悬臂或单支点桩墙式支护结构,当按照计算确定出的嵌固深度小于 0.3 倍的基坑开挖深度 h 时,宜取 $0.3h$。

②当基坑底为碎石土及砂土、基坑内排水且作用有渗透压力时,嵌固深度 d 值还应满足

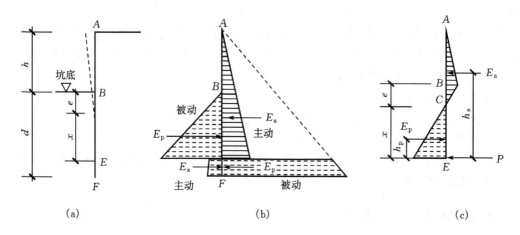

图 4-13 均质土层中悬臂式支护结构受力简图

(a)悬臂式支护结构变形图；(b)土压力分布图；(c)叠加后的简化土压力分布图

式(4-5)所示的抗渗稳定条件

$$d \geqslant 1.2\gamma_0(h - h_{wa}) \qquad (4-5)$$

式中：h——基坑开挖深度；

$\quad h_{wa}$——地面至基坑外地下水位高度，如图 4-14 所示；

$\quad \gamma_0$——基坑侧壁重要性系数。

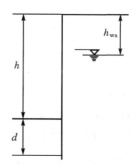

图 4-14 渗透稳定计算简图

(2)计算方法

设计时一般先假设一个嵌固深度，然后计算支护结构外侧主动区的侧压力（即主动土压力和静水压力）以及基坑内侧被动区的侧压力（即被动土压力和静水压力），再计算这些力对底端的力矩，只要满足被动区侧压力产生的力矩大于主动区侧压力产生的力矩，即满足下式即可

$$h_p \sum E_{pj} \geqslant 1.2\gamma_0 h_a \sum E_{ai} \qquad (4-6)$$

式中：$\sum E_{pj}$——基坑内侧各土层侧向压力合力值；

$\quad h_p$——合力 $\sum E_{pj}$ 作用点至支护结构底端的距离；

$\quad \sum E_{ai}$——基坑外侧主动区各土层侧向压力合力值；

$\quad h_a$——合力 $\sum E_{ai}$ 作用点至支护结构底端的距离。

上式中当满足等号要求时,所假设的埋深 d 是临界值,实际上应该考虑安全储备要求,将墙前被动土压力区的支护结构长度扩大 1.2 倍,即实际埋深值为

$$d = e + 1.2x \qquad (4-7)$$

式中:e——基坑底至土压力零点的距离;

　　x——土压力零点至计算支护结构底端的距离。

对于支护结构底端的集中反力 P 可根据所计算出的埋深 d,按照 $\sum x = 0$ 的平衡条件求取。

要注意的是,在计算侧压力时,一般情况下,由于黏性土中的水主要以结晶水和结合水为主,侧压力计算宜采用水、土压力合算,地下水位以下土的重度用饱和重度 γ_{sat},而砂性土中的水以自由水为主,侧压力宜采用水、土压力分算,地下水位以下土的重度采用有效重度 γ',另需单独计算按三角形分布的静水压力。

3. 内力计算或强度计算

对于支护结构来说,内力计算部分主要包括支护桩身的最大弯矩及其作用位置的确定。

计算时,一般先根据剪力等于零的条件确定最大弯矩所在的截面作用位置,即

$$\sum_{i=1}^{n} E_{ai} - \sum_{j=1}^{k} E_{pj} = 0 \qquad (4-8)$$

式中:n,k——剪力 $Q=0$ 以上主动土压力区和被动土压力区的不同土层层数;

　　E_{ai}——剪力 $Q=0$ 以上各层土的主动土压力;

　　E_{pj}——剪力 $Q=0$ 以上各层土的被动土压力。

然后自上而下按照式(4-9)计算各层土的土压力对该点的弯矩之和,该值即为支护结构上的最大弯矩值,即

$$M_{max} = \sum_{i=1}^{n} E_{ai} y_{ai} - \sum_{j=1}^{k} E_{pj} y_{pj} \qquad (4-9)$$

式中:y_{ai}——剪力 $Q=0$ 以上各层土主动土压力作用点至剪力为零处的距离;

　　y_{pj}——基坑底至剪力 $Q=0$ 间各层土被动土压力作用点至剪力为零处的距离。

4. 位移计算

悬臂式支护结构可视为弹性嵌固于土体中的悬臂结构,其顶端的位移计算是一个比较复杂的问题。为简化,位移计算采取如下假设:在坑底附近选一基点 O,顶端的位移值由两部分组成,上段结构位移可将 O 点以上部分当做悬臂梁计算,下段结构位移按照弹性地基梁计算,总位移表达式如下

$$s = \delta + \Delta + \theta y \qquad (4-10)$$

式中:s——支护结构顶端的总位移;

　　y——O 点以上长度;

　　δ——按悬臂梁计算(固定端设在 O 点)顶端的位移值;

　　Δ——O 点处支护结构的水平位移;

　　θ——O 点处支护结构的转角。

s,y,δ,Δ,θ 具体如图 4-15 所示,O 点一般选取在坑底。

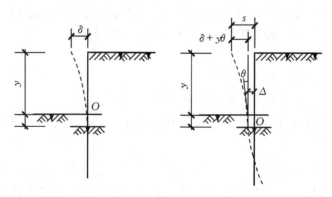

图 4-15 悬臂式支护结构变形图

5. 稳定性验算

稳定性验算包括整体稳定性验算、抗隆起稳定性验算、抗渗稳定性验算等,其中抗倾覆、抗滑移稳定性验算已在嵌固深度确定时验算过了,此处不必再做验算。

(1)整体稳定性验算

桩墙式支护结构的整体稳定性验算是将支护结构与土体一起作为整体进行分析的,当桩、墙入土深度不足,锚固长度不够时,可能会发生整体失稳。

通过对大量工程实践的总结,整体稳定破坏通常是以圆弧滑动破坏面的形式出现,其常用验算方法为条分法,此方法要求最危险滑动面上诸力对滑动中心所产生的抗滑力矩 M_R 与滑动力矩 M_S 必须符合下式要求,即

$$\frac{M_R}{M_S} \geqslant 1.3 \qquad (4-11)$$

采用桩墙式支护结构的基坑,其整体稳定性验算时,需要计算滑动圆弧切桩与圆弧通过桩尖时的最不利滑动面的情况。当考虑圆弧切桩时,式(4-11)的抗滑力矩 M_R 中必须计算每延米桩所产生的抗滑力矩 M_P,M_P 可按照式(4-12)计算

$$M_p = R\cos\alpha_i \sqrt{\frac{2M_c\gamma h_i(K_p - K_a)}{d + \Delta d}} \qquad (4-12)$$

式中:R——滑动圆弧半径;

α_i——桩与滑弧切点至圆心连线与垂线的夹角;

M_c——每根桩身的抗弯弯矩;

h_i——切桩滑弧面至坡面的深度;

γ——h_i 范围内土的重度;

K_p,K_a——土的被动、主动土压力系数;

$d,\Delta d$——桩径、两桩间的净距。

整体稳定性验算需要反复搜索具有最小安全系数的滑裂面,亦即最危险的滑裂面,从而确定支护结构整体是否满足整体稳定。

(2)抗隆起稳定性验算

抗隆起稳定性分析具有保证基坑稳定和控制基坑变形的重要意义。基坑底隆起,将会导致支护桩墙后地面下沉,影响环境安全和周边建(构)筑物的正常使用。基坑抗隆起稳定性验

算方法很多,可按《建筑地基基础设计规范》推荐的分析方法进行,如图 4-16 所示。基坑底抗隆起验算中抗隆起力与竖向应力间必须满足式(4-13)所示的条件,即

$$\frac{N_c c_u + \gamma d}{\gamma(h+d)+q} \geqslant 1.6 \qquad (4-13)$$

式中:N_c——承载力系数,条形基础时 $N_c=5.14$;

c_u——土的不排水抗剪强度,由十字板试验或三轴不固结不排水试验确定;

γ——土的重度;

d——支护结构的入土深度;

h——基坑开挖深度;

q——地面均布荷载。

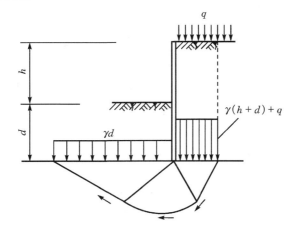

图 4-16　基坑底抗隆起稳定性验算

(3)基坑底抗渗稳定性验算

在基坑底以下的土层中,当上部为不透水层,其下的透水层中有承压水时,应验算坑底的抗流土稳定性,可参看图 4-17。

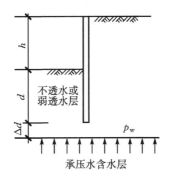

图 4-17　基坑坑底抗流土稳定性验算

在不透水层下部作用着向上的承压水水压力时,应保证$(d+\Delta d)$部分的土体自重大于这一向上水压力,即

$$\frac{\gamma_{sat}(d+\Delta d)}{p_w} \geqslant 1.1 \quad\quad\quad (4-14)$$

式中：γ_{sat}——承压水层以上土的饱和重度；

　　　$d+\Delta d$——承压水层顶面在基坑底下的深度；

　　　p_w——含水层承压水的水压力。

除了进行抗流土稳定验算外，当基坑内外存在水头差时，对于粉土和砂土有时还应进行抗管涌稳定性验算，即保证渗流的水力坡降不超过该土的临界水力坡降。

6. 构造要求

悬臂式基坑支护结构选用排桩结构时，排桩桩径不宜小于 600 mm，桩间距大小应根据排桩受力及桩间土稳定条件确定；排桩支护结构的顶部应用钢筋混凝土冠梁连接，冠梁宽度（水平方向）不宜小于桩径，冠梁高度（垂直方向）不宜小于 400 mm，排桩与桩顶冠梁的混凝土强度等级宜大于 C20，并且当冠梁作为连系梁时可以按照构造配筋；当基坑开挖后，排桩的桩间土防护可采用钢丝网混凝土护面、砖砌等处理方法，当桩间渗水时，应在护面设泄水孔。当基坑面在实际地下水位以上、土质较好且暴露时间较短时，可不对桩间土进行防护处理。

悬臂式现浇钢筋混凝土地下连续墙厚度不宜小于 600 mm，顶部应设置钢筋混凝土冠梁，冠梁宽度不宜小于地下连续墙厚度，高度不宜小于 400 mm；水下灌注地下连续墙的混凝土强度等级宜大于 C20，当其作为地下室外墙时还应满足抗渗要求；地下连续墙的受力钢筋应采用Ⅱ级或Ⅲ级钢筋，直径不宜小于 $\phi20$，构造钢筋宜采用Ⅰ级钢筋，直径不宜小于 $\phi16$，净保护层不宜小于 70 mm，构造筋间距宜为 200～300 mm；地下连续墙与地下室结构的钢筋连接可采用在地下连续墙内预埋钢筋、接驳器、钢板等，预埋钢筋宜采用Ⅰ级钢筋，连接钢筋直径大于 20 mm，宜采用接驳器连接。

【例 4-1】某黏土基坑开挖深度 5 m，采用悬臂式钢板桩支护，土层 $\gamma=19.5$ kN/m³，$c=10$ kPa，$\varphi=20°$，地面超载 $q=10$ kPa。试确定钢板桩的入土深度 d、桩身最大弯矩 M_{max} 及最大弯矩点位置。

【解】土压力系数为：

$$k_a = \tan^2(45°-\frac{\varphi}{2}) = \tan^2(45°-\frac{20°}{2}) = 0.49 \quad \sqrt{k_a}=0.7$$

$$k_p = \tan^2(45°+\frac{\varphi}{2}) = \tan^2(45°+\frac{20°}{2}) = 2.04 \quad \sqrt{k_p}=1.428$$

1. 土压力零点位置计算

临界土压力深度 D 点位置为：$Z_0 = \frac{2c}{\gamma\sqrt{k_a}} - \frac{q}{\gamma} = \frac{2\times10}{19.5\times\sqrt{0.49}} - \frac{10}{19.5} = 0.96$ m；

基坑底面以下剪力为零的点 C 的位置 e 按下式计算

$$(\gamma e k_p + 2c\sqrt{k_p}) - \{[\gamma(h+e)+q]k_a - 2c\sqrt{k_a}\} = 0$$

则

$$e = \frac{(\gamma h+q)k_a - 2c(\sqrt{k_p}+\sqrt{k_a})}{\gamma(k_p - k_a)}$$

$$= \frac{(19.5\times5+10)\times0.49 - 2\times10\times(1.428+0.7)}{19.5\times(2.04-0.49)}$$

$$= 0.335 \text{ m}$$

2. 土压力计算

(1)主动土压力

钢板桩顶端 A 点土压力：$P_{a0}=qk_a-2c\sqrt{k_a}=10\times0.49-2\times10\times0.7=-9.1$ kPa；

钢板桩下部 C 点土压力：$p_{ac}=[\gamma(h+e)+q]k_a-2c\sqrt{k_a}$
$$=[19.5\times(5+0.335)+10]\times0.49-2\times10\times0.7$$
$$=41.88 \text{ kPa}；$$

(2)被动土压力

基坑底部被动土压力：$P_{p1}=2c\sqrt{k_p}=2\times10\times1.428=28.56$ kPa；

钢板桩下部 C 点被动土压力：$p_{pc}=\gamma ek_p+2c\sqrt{k_p}$
$$=19.5\times0.335\times2.04+2\times10\times1.428=41.88 \text{ kPa}；$$

(3)DC 段主动土压力合力为：$E_a=\frac{1}{2}\times41.88\times(5-0.96+0.335)=91.613$ kN；

E_a 距 C 点的距离为：$h_a=\frac{1}{3}(h-z_0+e)=\frac{1}{3}\times(5-0.96+0.335)=1.46$ m；

EC 段的被动土压力合力为：$E_p=\dfrac{(28.56+41.88)\times0.335}{2}=11.80$ kN；

E_p 距 C 点的距离为：$h_p=\frac{1}{2}e=\frac{1}{2}\times0.335=0.168$ m。

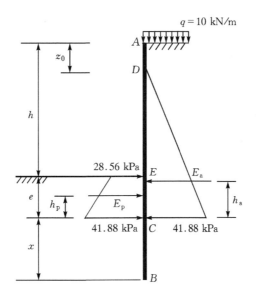

3. 钢板桩最大弯矩计算

由于距离基坑底面 0.335 m 处的钢板桩桩身 C 点剪力为零,故此截面的弯矩最大,最大弯矩为

$$M_{max}=E_ah_a-E_ph_p=91.613\times1.46-11.80\times0.168=131.59 \text{ kN}\cdot\text{m}$$

4. 钢板桩入土深度的计算

设 BC 段的距离 x 为 3.5 m,则入土深度为 $e+1.2x=0.335+1.2\times3.5=4.535$ m,取入土深度为 4.5 m,则钢板桩桩身总长 L 为：$L=5+4.5=9.5$ m,则

钢板桩底端主动土压力：$p_a = (\gamma L + q)k_a - 2c\sqrt{k_a}$
$$= (19.5 \times 9.5 + 10) \times 0.49 - 2 \times 10 \times 0.7$$
$$= 81.673 \text{ kPa}$$

钢板桩底端被动土压力：$p_p = \gamma \times 4.5 \times k_p + 2c\sqrt{k_p}$
$$= (19.5 \times 4.5 \times 2.04) + 2 \times 10 \times 1.428$$
$$= 207.57 \text{ kPa}$$

则被动土压力对钢板桩底端 B 点的力矩为

$$E_p h_p = \frac{(28.56 + 207.57) \times 4.5}{2} \times \frac{4.5}{2} = 1195.41 \text{ kN} \cdot \text{m}$$

主动土压力对钢板桩底端 B 点的力矩为

$$E_a h_a = \frac{1}{2} \times 81.673 \times (9.5 - 0.96) \times \frac{1}{3} \times (9.5 - 0.96) = 992.76 \text{ kN} \cdot \text{m}$$

则　　$E_p h_p - 1.2\gamma_0 E_a h_a = 1195.41 - 1.2 \times 1.0 \times 992.76 = 4.1 \text{ kN} \cdot \text{m} > 0$（满足）

因此，选择钢板桩桩长 9.5 m，入土深度 4.5 m，最大弯矩 131.95 kN·m，最大弯矩点距离基坑底 0.335 m。

4.4.2　单支点式支护结构

对于较深的基坑，悬臂式支护结构常常需要很深的嵌固深度，并且会在地面处发生很大的位移，这时就应在支护结构上部设置一层锚杆或内支撑以限制位移，所形成的支护结构则为单支点式。

单支点式支护结构一般可视为有支承点的竖直梁。上部支承（锚杆或内支撑）处为一支点，支护结构下端为另一支点，其下端的支承情况与其入土深度和土层性状有关。当埋入土中较浅时，支护结构下端可转动，视为铰支；当埋深较深、土层较好时，视为下端嵌固，相当于固定支承。单支点式支护结构的浅埋与深埋计算方法不同。

1. 浅埋式单支点支护结构

浅埋式单支点支护结构计算可采用平衡法。该类支护结构由于下端可以转动，因此在墙后下段不产生被动土压力，而是由墙前的被动土压力与墙后的主动土压力共同作用而形成极限平衡的单跨简支梁。

该类挡土结构由于埋入土中深度较浅，在受到墙后土压力的作用后会发生弯曲，并绕顶部锚系点发生旋转，支护结构底端有可能向基坑内移动，产生"踢脚"，从而引起支护结构的失效或破坏，因此此种支护结构在实际工程中应用较少。浅埋式单支点支护结构在砂性土和黏性土中的计算简图如图 4-18 所示。

为使支护结构稳定，作用在支护结构上的作用力必须平衡，即：

①所有水平力对支点 A 的弯矩等于零

$$M = E_a h_a - E_p h_p = 0 \tag{4-15}$$

②所有水平力之和等于零

$$T - E_a + E_p = 0 \tag{4-16}$$

因此支护结构嵌固深度 d 可根据式（4-15）求出。一般情况下，计算所得的 d 值还应乘以 1.1~1.5 的超深安全系数，而且该深度还必须满足抗滑移、抗倾覆、抗隆起和抗管涌等要求。

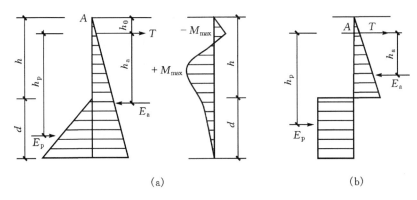

图 4-18　浅埋式单支点支护结构计算简图

(a)砂性土；(b)黏性土

当嵌固深度确定后，就可以按照式(4-16)求得支护结构支承点处的作用力 T，然后可求解支护结构的内力并选择相应的截面。

2. 深埋式单支点支护结构

深埋式单支点支护结构内力计算常采用等值梁法。

在基坑内外侧向压力及支点荷载作用下，深埋式支护结构的变形曲线上存在反弯点(弯矩零点)，如图 4-19 中的虚线所示。从图中可以看出，支护结构体系中有 3 个未知量，即：嵌固深度 d、支承处拉力 T、作用于 E 点的简化集中力 E_{p2}，而体系的平衡方程只有 2 个，因此这是一个超静定问题。等值梁法是一种简化的计算分析方法，它假定反弯点与零土压力强度点 C 重合，于是可从 C 点将支护结构截开，上部为简支梁，下部为一次超静定结构，从而求解得到支护结构上的内力。通常把 AC 段看成是支护结构 AE 段的等值梁。

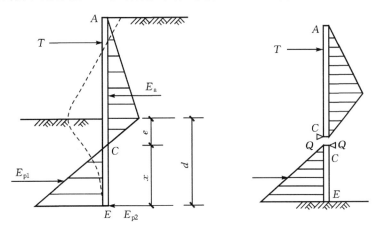

图 4-19　深埋式单支点支护结构计算简图

求解支护结构体系中的 3 个未知量步骤如下：

①根据基坑内外支护结构上的土压力分布图，按照 $p_a - p_p = 0$ 来计算零土压力强度点 C 的位置；

②将 AC 简化成简支梁，在其上侧向压力及支承点拉力 T 的共同作用下，按照这些力对 C

点的力矩之和为零的条件,即 $\sum M(C) = 0$,求取锚撑点支承力 T;

③以下半段 CE 为研究对象,假设 CE 段长度为 x,为满足抗倾覆稳定性要求,所有水平力对支护结构底端的力矩应为零,即 $\sum M(E) = 0$,根据这一条件求 x,则嵌固深度 $d = e + 1.2x$。

在确定了以上 3 个未知量后,就可以进行支护结构的断面、配筋等设计。首先需根据土压力分布和支承点水平力计算桩墙断面上的剪力,而剪力为零的断面就是最大弯矩点。根据最大弯矩及弯矩分布进行配筋计算和截面设计。

对于有多层支点的情况,也可按照等值梁法从上到下逐层计算每层支承点拉力。施工第一层支撑后可按单层支点支护结构计算,但计算中的开挖深度 h 为设置第二层支撑时的实际开挖深度。在计算第 k 层支承结构拉力时,T_1 到 T_{k-1} 都已知,则第 k 层支承结构的水平力 T_k 可按第 $k+1$ 层支承结构设置时的开挖深度计算。此种计算方法假设各层支承的拉力在随后的开挖过程中不变,而实际上在基坑开挖过程中,随着下层支承结构的施工,上层支承点的拉力一般会有所松弛,且各层支承点的最大拉力发生在不同的施工阶段。

3. 拉锚或内支撑设计

(1)拉锚构件强度计算

用于桩墙式挡土结构中的拉锚构件也由锚头、锚筋和锚固体三部分组成(参见图 4 - 7),其设计计算应当满足抗拉拔稳定的要求。

验算时,根据所计算得到的支承点拉力 T,按式(4 - 17a)或(4 - 17b)来计算所需要钢筋的截面面积,同时锚杆承载力计算应满足式(4 - 18)的要求

$$A_s \geqslant \frac{T}{f_y \cos\theta} \tag{4 - 17a}$$

$$A_p \geqslant \frac{T}{f_{py} \cos\theta} \tag{4 - 17b}$$

$$T \leqslant N_u \cos\theta \tag{4 - 18}$$

式中:A_s,A_p——普通钢筋、预应力钢筋杆体截面面积;

f_y,f_{py}——普通钢筋、预应力钢筋抗拉强度设计值;

θ——锚杆与水平面的倾角;

T——水平支承点拉力的计算值;

N_u——锚杆轴向受拉承载力设计值;对于安全等级为一级及缺乏地区经验的二级基坑侧壁,需经现场锚杆拉拔试验确定极限承载力,再除以安全系数 F_s 后作为承载力设计值;对于安全等级较低的基坑侧壁,可参考式 $N_u = \frac{1}{F_s}\pi D \sum q_{sik} l_i$ 确定;

D——孔径均匀的锚固体直径;

l_i——第 i 层土中锚固体的长度;

F_s——安全系数,可取 $1.6 \sim 1.8$;

q_{sik}——第 i 层土体与锚固体间的极限摩阻力标准值,可参考表 4 - 2 中的 q_{sik} 值;

表 4-2　土体与锚固体极限摩阻力标准值

土的名称	土的状态	q_{sik}/kPa	土的名称	土的状态	q_{sik}/kPa
填土		16~20	粉细砂	稍密	22~42
淤泥		10~16		中密	42~63
淤泥质土		16~20		密实	63~85
黏性土	$I_L>1$	18~30	中砂	稍密	54~74
	$0.75<I_L\leqslant1$	30~40		中密	74~90
	$0.50<I_L\leqslant0.75$	40~53		密实	90~120
	$0.25<I_L\leqslant0.50$	53~65	粗砂	稍密	90~130
	$0.0<I_L\leqslant0.25$	65~73		中密	130~170
	$I_L\leqslant0.0$	73~80		密实	170~220
粉土	$e>0.90$	22~44	砾砂	中密、密实	190~260
	$0.75<e\leqslant0.90$	44~64			
	$e<0.75$	64~100			

除了按照式(4-18)验算锚杆的轴向受拉承载力之外,还必须按照式(4-19)验算锚杆杆体与砂浆间的黏结力是否满足要求

$$N_u \leqslant \frac{1}{1.35}l\pi d f_b \qquad (4-19)$$

式中:l——锚杆钢筋与砂浆间锚固长度;

d——锚杆钢筋直径;

f_b——钢筋与锚固砂浆间黏结强度的设计值,应由试验确定,当无试验资料时,可按表 4-3取值。

表 4-3　钢筋、钢绞线与砂浆间粘结强度 f_b

锚杆类型	水泥浆或水泥砂浆强度等级		
	M25	M30	M35
水泥砂浆与螺纹钢筋间	2.10	2.40	2.70
水泥砂浆与钢绞线高强钢丝间	2.75	2.95	3.40

(2)拉锚构件长度设计

拉锚杆件的设计长度包括自由段和锚固段两部分。锚固段的长度可按照式(4-19)确定。自由段的长度 l_f 计算时可采用简化计算方法,即将土体主动滑裂面简化为与支护桩体间成 $(45°-\varphi/2)$ 的三角形,交点至锚杆锚头间的距离即为自由段的长度 l_f,如图 4-20 所示,则

$$l_f = \frac{l_t \sin\left(45° - \dfrac{\varphi}{2}\right)}{\sin\left(45° + \dfrac{\varphi}{2} + \theta\right)} \qquad (4-20)$$

式中:l_t——锚杆锚头中点与基坑底面以下净土压力为零的 C 点之间距离;

φ——各层土摩擦角的加权平均值；

θ——锚杆与水平面夹角。

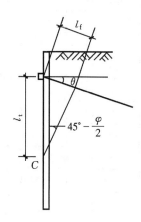

图 4-20　锚杆自由段长度计算简图

（3）内支撑结构

土层锚杆在下列情况下不适用：

①土层为软弱土层，不能为锚杆提供足够的锚固力；

②坑壁外侧很近的范围有相邻建筑物的地下结构与重要的公用地下设施；

③相邻建筑物基础以下不允许锚杆的锚固段置入。

在这些情况下就需要在基坑内设置内支撑。支撑体系包括腰梁、水平支撑、立柱及其他附属构件。支撑体系的受力计算按照结构力学方法进行。腰梁按多跨连续梁计算，立柱按受压构件计算。立柱除了承受本身自重及其负担范围内的水平支撑结构的自重外，还要承担水平支撑压弯失稳时产生的荷载。

【例 4-2】 某基坑工程开挖深度 8.0 m，拟采用单支点排桩支护，支点离地面距离为 1.5 m，支点水平间距为 2.0 m。地基土层参数加权平均值 $c=0$，内摩擦角 $\varphi=25°$，重度 $\gamma=18$ kN/m³。地面超载 $q=15$ kPa。试按照等值梁法确定支护桩的入土深度 d，水平支锚力 T 和桩身最大弯矩 $M_{\max}$。

【解】 取支锚点水平间距 2.0 m 作为计算宽度。主动和被动土压力系数分别为

$$k_a = \tan^2\left(45° - \frac{\varphi}{2}\right) = \tan^2\left(45° - \frac{25°}{2}\right) = 0.406$$

$$k_p = \tan^2\left(45° + \frac{\varphi}{2}\right) = \tan^2\left(45° + \frac{25°}{2}\right) = 2.464$$

1.支护结构上土压力计算

地表处主动土压力

$$p_{a0} = qk_a - 2c\sqrt{k_a} = 15 \times 0.406 - 2 \times 0 \times \sqrt{0.406} = 6.09 \text{ kPa}$$

基坑底面处主动土压力

$$p_{ah} = (q + \gamma h)k_a - 2c\sqrt{k_a} = (15 + 18 \times 8) \times 0.406 - 2 \times 0 \times \sqrt{0.406} = 64.554 \text{ kPa}$$

基坑底面以下零土压力点 C 距基坑底面距离 e 为

$$e = \frac{(q + \gamma h)k_a - 2c(\sqrt{k_p} + \sqrt{k_a})}{\gamma(k_p - k_a)}$$

$$= \frac{p_{ah} - 2c\sqrt{k_p}}{\gamma(k_p - k_a)} = \frac{64.554 - 2 \times 0 \times \sqrt{2.464}}{18 \times (2.464 - 0.406)} = 1.743 \text{ m}$$

因此支护结构上总土压力分布如下所示。

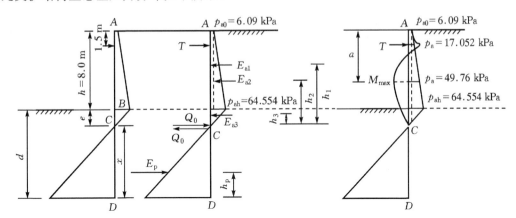

2. 支点处水平力计算

把支护结构从 C 点截开,将 AC 段看成等值梁,则该段支护结构上土压力合力为

$$E_{a1} = 6.09 \times 8.0 \times 2 = 97.44 \text{ kN}$$

$$E_{a2} = (64.554 - 6.09) \times 8.0/2 \times 2 = 467.71 \text{ kN}$$

$$E_{a3} = 64.554 \times 1.743/2 \times 2 = 111.678 \text{ kN}$$

根据 $\sum M(C) = 0$ 得支点水平力 T 为

$$T = \frac{(E_{a1}h_1 + E_{a2}h_2 + E_{a3}h_3)}{h + e - h_0}$$

$$= \frac{[97.44 \times (8/2 + 1.743) + 467.712 \times (8/3 + 1.743) + 111.678 \times 1.743 \times 2/3])}{8 + 1.743 - 1.5}$$

$$= 333.84 \text{ kN}$$

土压力零点 C 处剪力 Q_0 为

$$Q_0 = \sum E_{ai} - T = 97.44 + 467.712 + 111.678 - 333.84 = 342.99 \text{ kN}$$

3. 求解桩入土深度

设 CD 段长度为 x,则该段 D 截面处总土压力 p 为

$$p = \gamma x(k_p - k_a) + 2c(\sqrt{k_p} - \sqrt{k_a})$$

$$= 18x(2.464 - 0.406) + 0$$

$$= 37.044x \text{ kPa}$$

则 CD 段总的土压力为:$E = \frac{1}{2} \times x \times 37.044x \times 2 = 37.044x^2 \text{ kN}$;

根据 $\sum M(C) = 0$ 求 x,则:$37.044x^2 \frac{1}{3}x - Q_0 x = 12.348x^2 - 342.99 = 0$;解得:$x = 5.27$ m,则排桩的入土深度 d 为:$d = e + 1.2x = 1.743 + 1.2 \times 5.27 = 8.067$ m。

4. 桩身最大弯矩求解

由于最大弯矩点(剪力为零点)位于 AC 段,设该点距离地面的距离为 a,则 AC 段上支护桩最大弯矩点截面处的主动土压力强度为:$p_{aa} = (\gamma a + q)k_a - 2c\sqrt{k_a} = (18a + 15)k_a$,则总主动

土压力

$$E_a = \frac{1}{2}\left[6.09 + (18a + 15)k_a\right]a \times 2$$
$$= 12.18a + 7.308a^2$$

根据剪力为零的条件,有:$T = E_a$,则由 $333.84 = 12.18a + 7.308a^2$,解得 $a = 5.977$ m。则排桩最大弯矩为

$$M_{max} = p_{a0} \times a \times \frac{a}{2} \times 2 + \frac{1}{2}\left[(18a + 15)k_a - 6.09\right] \times a \times 2 \times \frac{1}{3}a - T \times (a - h_0)$$

$$= 6.09 \times 5.977 \times \frac{5.977}{2} \times 2 + \frac{1}{2}\left[(18 \times 5.977 + 15) \times 0.406 - 6.09\right]$$

$$\times 5.977 \times 2 \times \frac{1}{3} \times 5.977 - 333.84 \times (5.977 - 1.5)$$

$$= 737.71 - 1494.60$$

$$= -756.89 \text{ kN} \cdot \text{m} \quad (\text{临空面受拉})$$

支点处的弯矩为

$$M = p_{a0} \times h_0 \times \frac{h_0}{2} \times 2 + \frac{1}{2}\left[(18h_0 + 15)k_a - 6.09\right] \times h_0 \times 2 \times \frac{1}{3}h_0$$

$$= 6.09 \times 1.5 \times \frac{1.5}{2} \times 2 + \frac{1}{2}\left[(18 \times 1.5 + 15) \times 0.406 - 6.09\right]$$

$$\times 1.5 \times 2 \times \frac{1}{3} \times 1.5$$

$$= 21.92 \text{ kN} \cdot \text{m}$$

弯矩图如上图所示。

4.5 土钉墙内力分析

土钉墙实际上是一种原位土体加筋技术。它是由天然土体通过土钉与喷射砼面板相结合,形成一个类似于重力式挡墙来抵抗墙后土压力,从而约束土体保持开挖面的稳定。土钉墙中的土钉是通过钻孔、插筋、注浆来设置的(亦称为砂浆锚杆),也可以在土体中直接打入角钢、粗钢筋等形成土钉。

土钉墙技术具有造价低、工期短、占地少、适用面广、安全可靠等优点,目前在深基坑支护中得到愈来愈多的应用,甚至还用于常规支护基坑失稳时的抢险加固或塌滑处理。

土钉墙适用于地下水位以上或经人工降水后的人工填土、黏性土和弱胶结砂土的基坑支护或边坡加固,不宜用于含水丰富的粉细砂层、砂砾卵石层和淤泥质土地层。一般它作为基坑支护或边坡维护时,处理深度不大于 18 m,但当与有限放坡、预应力锚杆联合使用时,支护深度可增加。

土钉墙与被加固的复合土体形成一个重力式挡墙,作为一种基坑支护结构,其设计思想是在充分考虑结构体本身的自承能力前提下进行土钉的抗拉承载力、土钉墙整体稳定性、抗滑移、抗倾覆、坑底抗隆起验算。

4.5.1 土钉墙构造

土钉墙墙面坡度不宜大于 1:0.1,土钉钢筋宜采用 Ⅱ,Ⅲ 级钢筋,钢筋直径宜为 16~

32 mm,钻孔直径宜为 $70\sim120$ mm,长度宜为开挖深度的 $0.5\sim1.2$ 倍,间距宜为 $0.6\sim1.2$ m,与水平夹角宜为 $10°\sim20°$。注浆材料采用强度不低于 M10 的水泥净浆或水泥砂浆。

喷射混凝土面层中宜配置由 I 级钢筋所组成的钢筋网片,直径宜为 $6\sim10$ mm,间距150~300 mm;面层厚度不宜小于 80 mm,混凝土强度等级不宜低于 C20,并且面层上下段钢筋网搭接长度应大于 300 mm。

土钉和面层必须通过设置通长压筋、承压板或加强钢筋等构造措施来有效连接,承压板或加强钢筋应与土钉螺栓连接或钢筋焊接连接。

土钉墙墙顶应采用砂浆或混凝土护面;坡顶和坡脚应采取排水措施;坡面上可根据具体情况设置泄水孔(坡面泄水孔为插入坡面的、内填滤水材料的带孔塑料管)。

4.5.2　土钉抗拉承载力验算

1. 单根土钉受拉荷载标准值计算

$$T_{jk} = \xi e_{ajk} s_{xj} s_{zj} / \cos\alpha_j \tag{4-21}$$

式中:ξ——荷载折减系数,$\xi = \tan\dfrac{(\beta-\varphi)}{2}\left[\dfrac{1}{\tan\dfrac{\beta+\varphi}{2}} - \dfrac{1}{\tan\beta}\right]/\tan^2\left(45° - \dfrac{\varphi}{2}\right)$;

e_{ajk}——第 j 个土钉位置处的基坑水平荷载标准值;

s_{xj},s_{zj}——第 j 根土钉与相邻土钉的平均水平、垂直间距;

α_j——第 j 根土钉与水平面的夹角;

β——土钉墙坡面与水平面的夹角。

2. 单根土钉抗拉承载力设计值计算

基坑侧壁安全等级为二级的土钉抗拉承载力设计值应按照试验确定,基坑侧壁安全等级为三级时可参考图 4-21 按式(4-22)计算

$$T_{uj} = \frac{1}{\gamma_s}\pi d_{nj}\sum q_{sik}l_i \tag{4-22}$$

式中:γ_s——土钉抗拉抗力分项系数,取 1.3;

d_{nj}——第 j 根土钉锚固体直径;

q_{sik}——土钉穿越第 i 层土土体与锚固体极限摩阻力标准值,应由现场试验确定,如无试

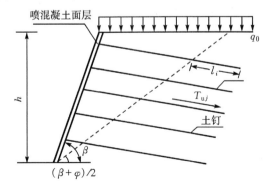

图 4-21　土钉抗拉承载力计算简图

验资料,可参考表 4-4 确定。

l_i——第 j 根土钉在直线破裂面外穿越第 i 稳定土体内的长度,破裂面与水平面的夹角为 $(\beta+\varphi)/2$。

表 4-4 土钉锚固体与土体极限摩阻力标准值

土的名称	土的状态	q_{sik}/kPa	土的名称	土的状态	q_{sik}/kPa
填土		16~20	粉细砂	稍密	20~40
淤泥		10~16		中密	40~60
淤泥质土		16~20		密实	60~80
黏性土	$I_L>1$	18~30	中砂	稍密	40~60
	$0.75<I_L\leqslant1$	30~40		中密	60~70
	$0.50<I_L\leqslant0.75$	40~53		密实	70~90
	$0.25<I_L\leqslant0.50$	53~65	粗砂	稍密	60~90
	$0.0<I_L\leqslant0.25$	65~73		中密	90~120
	$I_L\leqslant0.0$	73~80		密实	120~150
粉土	$e>0.90$	20~40	砾砂	中密、密实	130~160
	$0.75<e\leqslant0.90$	40~60			
	$e<0.75$	60~90			

3. 单根土钉抗拉承载力计算

单根土钉抗拉承载力计算应符合式(4-23)要求

$$1.25\gamma_0 T_{jk} \leqslant T_{uj} \qquad (4-23)$$

式中:T_{jk}——第 j 根土钉受拉荷载标准值,按式(4-21)计算;

T_{uj}——第 j 根土钉抗拉承载力设计值,按式(4-22)计算;

γ_0——建筑基坑侧壁重要性系数。

4.5.3 土钉墙整体稳定性验算

土钉墙应根据施工期间不同开挖深度及基坑底面以下可能滑动面采用圆弧滑动简单条分法,见图 4-22,可按式(4-24)进行整体稳定性验算

$$\sum_{i=1}^{n}c_{ik}L_is+s\sum_{i=1}^{n}(W_i+q_0b_i)\cos\theta_i\tan\varphi_{ik}+\sum_{j=1}^{m}T_{nj}\times\left[\cos(\alpha_j+\theta_j)+\frac{1}{2}\sin(\alpha_j+\theta_j)\tan\varphi_{ik}\right]-$$

$$s\gamma_k\gamma_0\sum_{i=1}^{n}(W_i+q_0b_i)\sin\theta_i\geqslant0 \qquad (4-24)$$

式中:n——滑动体分条数;

m——滑动体内土钉数;

γ_k——整体滑动分项系数,可取 1.3;

γ_0——基坑侧壁重要性系数;

W_i——第 i 分条土重,滑裂面位于黏性土或粉土中时,按上覆土层的饱和重度计算;滑裂面位于砂土或碎石类土中时,按上覆土层的有效重度计算;

b_i——第 i 分条宽度；

c_{ik}——第 i 分条滑裂面处土体固结不排水(快)剪黏聚力标准值；

φ_{ik}——第 i 分条滑裂面处土体固结不排水(快)剪内摩擦角标准值；

θ_i——第 i 分条滑裂面处中点切线与水平面夹角；

θ_j——第 j 根土钉穿过滑裂面时所在分土条滑裂面处中点切线与水平面夹角；

α_j——土钉与水平面之间的夹角；

L_i——第 i 分条滑裂面处弧长；

s——计算滑动体单元厚度；

T_{nj}——第 j 根土钉在圆弧滑裂面外锚固体与土体的极限抗拉力

$$T_{nj} = \pi d_{nj} \sum q_{sik} l_{ni}$$

l_{ni}——第 j 根土钉在圆弧滑裂面外穿越第 i 层稳定土体内的长度。

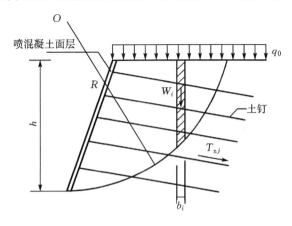

图 4-22　整体稳定性验算简图

【例 4-3】某基坑开挖深度 $h=5.0$ m，采用水泥土搅拌桩墙进行支护，墙体宽度 $b=4.5$ m，墙体入土深度(基坑开挖面以下) $d=6.5$ m，墙体重度 $\gamma_G=20$ kN/m³，墙体与土体摩擦系数 $\mu=0.3$。基坑土层重度 $\gamma=19.5$ kN/m³，内摩擦角 $\varphi=24°$，黏聚力 $c=0$，地面超载为 $q_0=20$ kPa。试验算支护墙的抗倾覆、抗滑移稳定性。

【解】沿墙体纵向取 1 延米进行计算。

主动和被动土压力系数为

$$k_a = \tan^2\left(45° - \frac{\varphi}{2}\right) = \tan^2\left(45° - \frac{24°}{2}\right) = 0.42$$

$$k_p = \tan^2\left(45° + \frac{\varphi}{2}\right) = \tan^2\left(45° + \frac{24°}{2}\right) = 2.37$$

地面超载引起的主动土压力为：$E_{a1} = q_0(h+d)k_a = 20 \times (5+6.5) \times 0.42 = 95.6$ kPa；

E_{a1} 的作用点距离墙趾的距离为：$z_{a1} = \dfrac{1}{2}(h+d) = \dfrac{1}{2} \times (5+6.5) = 5.75$ m；

墙后的主动土压力为：$E_{a2} = \dfrac{1}{2}\gamma(h+d)^2 k_a = \dfrac{1}{2} \times 19.5 \times (5+6.5)^2 \times 0.42 = 541.56$ kN；

E_{a2} 的作用点距离墙趾的距离为：$z_{a2} = \dfrac{1}{3}(h+d) = \dfrac{1}{3} \times (5+6.5) = 3.83$ m；

墙前被动土压力为：$E_p = \dfrac{1}{2}\gamma d^2 k_p = \dfrac{1}{2} \times 19.5 \times 6.5^2 \times 2.37 = 976.29$ kN；

E_p 的作用点距离墙趾的距离为：$z_p = \dfrac{1}{3}d = \dfrac{1}{3} \times 6.5 = 2.17$ m；

墙体自重为：$W = b(h+d)\gamma_G = 4.5 \times (5+6.5) \times 20 = 1035$ kN；

抗倾覆安全系数为

$$K_a = \frac{\dfrac{1}{2}bW + E_p z_p}{E_{a1}z_{a1} + E_{a2}z_{a2}} = \frac{\dfrac{1}{2} \times 4.5 \times 1035 + 976.29 \times 2.17}{95.6 \times 5.75 + 541.56 \times 3.83} = 1.69 > 1.6（满足要求）$$

抗滑移安全系数

$$K_h = \frac{E_p + \mu W}{E_{a1} + E_{a2}} = \frac{976.29 + 0.3 \times 1035}{95.60 + 541.56} = 2.02 > 1.3（满足要求）$$

思考题

1. 基坑支护结构主要有哪些类型？各类支护结构适宜在什么条件下采用？

2. 不同基坑支护结构的具体破坏形式有哪些？分析产生各种破坏的原因。为避免产生各类破坏，可采取哪些措施？

3. 何谓土钉墙支护？试说明用土钉墙加固边坡的原理以及适用条件。

4. 何谓等值梁？如何利用等值梁的概念求锚杆的作用力？

5. 简要说明在悬臂式支护结构中，板桩墙上土压力零点、板桩断面剪力零点以及锚固深度是如何确定的？

练习题

1. 某基坑开挖深度 $h = 3.5$ m，地基土的土性指标为：$\gamma = 19.0$ kN/m³，$c \approx 0$，$\varphi = 30°$，拟采用悬臂式钢板桩支护，试计算：

(1) 钢板桩前后的净土压力分布；

(2) 钢板桩的嵌固深度，安全系数 $K = 2$；

(3) 最大弯矩位置及最大弯矩值 M_{max}。

2. 某二级基坑开挖深度 $h = 10$ m，地面有均布荷载 $q = 50$ kPa，采用单锚板桩支护，锚点距坑顶 3.0 m，地基土土性指标为：$\gamma = 20.0$ kN/m³，$c \approx 0$，$\varphi = 34°$。

(1) 用等值梁法求支护桩入土深度 d、最大弯矩位置及弯矩值 M_{max}；

(2) 设锚杆与水平面夹角为 15°，求每延米支护结构内锚杆需提供的轴向拉力设计值 T；

(3) 设计锚杆的钢筋截面积、锚固段长度，已知锚杆间距 1.6 m，钢绞线 $f_{py} = 1170$ MPa，$f_b = 2.95$ MPa。

第5章 地基基础抗震

5.1 地基震害及场地因素

5.1.1 地基震害

地基震害包括振动液化、滑坡、地裂及震陷等多种形式。这些震害主要发生在松散砂土层、软弱黏土层和成层条件比较复杂的不均匀地层中。虽然震害现象的宏观特征各不相同,但产生的条件是互相依存的,某些防治措施亦可通用。

1. 振动液化

饱和砂土受到振动后趋于密实,导致孔隙水压力骤然上升,粒间有效应力相应地减小,土体的抗剪强度降低,在周期性的地震荷载作用下,孔隙水压力逐渐累积,甚至可以完全抵消有效应力,此时土体强度完全丧失,呈现出类似于液体的状态,这种现象称为振动液化。实际振动液化现象多发生在饱和粉、细砂及塑性指数小于 7 的粉土中,原因在于此类土既缺乏黏聚力又排水不畅,所以较易液化。

饱和砂土和粉土地基,在地震作用下发生液化的宏观表现为:在地表裂缝中喷砂冒水,地面下陷,建筑物产生巨大沉降或严重倾斜,甚至失稳。如唐山地震时,液化区喷水高度可达 8 m,厂房沉降达 1 m。振动液化可发生于地震过程中或地震发生后相当长的一段时间内,它所造成的这些危害是严重震害之一。

2. 滑 坡

在地震作用下,河岸边坡、水库堤岸等处容易发生大规模滑坡、崩塌等现象。地震导致滑坡的原因有两方面,一方面是因为地震时边坡滑楔体承受了附加惯性力,下滑力加大;另一方面是因为边坡土体受震趋于密实,孔隙水压力增高,有效应力降低,从而减少阻止滑动的内摩擦力。这两方面因素对边坡稳定都是不利的。地质调查表明:凡是发生过地震滑坡的地区,地层中几乎都有夹砂层。黄土中夹有砂层或砂透镜体时,由于砂层振动液化及水重新分布,抗剪强度将显著降低从而引起流滑。关于均质黏土,尚未有过地震滑坡的实例。

3. 地 裂

在地震后,地表往往出现大量裂缝,称为"地裂"。其排列往往具一定的规律,如呈雁行式、直线状、锯齿状、弧形及其他几何形态,或由一系列地裂缝组成地裂带。地裂可使铁轨移位、管道扭曲,甚至可拉裂房屋。地裂与地震滑坡引起的地层相对错动有密切关系。例如路堤的边坡滑动后,坡顶下陷将引起沿线方向的纵向地裂,因此,河流两岸、深坑边缘或其他有临空自由面的地带往往地裂较易发育。也有由于砂土液化等原因使地表沉降不匀引起地裂的。

4. 震 陷

地震时,地面产生的竖向巨大沉陷称为"震陷"或"震沉"。此现象往往发生在松散砂土、软

弱黏性土,以及溶洞发育和地下存在大面积采空区的地区。震陷是一种宏观现象,原因有多种:

①松砂经震动后趋于密实而沉缩;

②饱和砂土经振动液化后涌向四周洞穴中或从地表裂缝中溢出而引起地面变形;

③软弱黏性土经震动后,结构受到扰动而强度显著降低,产生附加沉降。

如果震陷量不大,如在 50 mm 以内,对一般建筑物的危害不大,可以不必采取专门的防范措施。但是对于液化土或软土,如淤泥或淤泥质土等,受地震作用,常常要产生较大的震陷,甚至造成结构物的塌陷或失稳,就需要进行分析研究并采取有效的工程防范措施。

此外,在矿区,如果地下采空区较浅,在强震作用下,也会引起地面塌落,这也是地基震陷的另一种形式。这种震陷的特点是面积广,震陷量大,往往造成灾难性的后果,应在选择场地和布置建筑物时精心设计,以避免其发生。

5.1.2 场地因素

1. 场地对地震作用的影响

场地是指一个工程群体所处的和直接使用的土地,同一场地内具有相似的反应谱特征,其范围相当于厂区、居民小区和自然村或不小于 1000 m² 的面积。

建筑场地的地形条件、地质构造、地下水位及场地土覆盖层厚度、场地类别等对地震灾害的程度有显著影响。

人们常看到在地震基本烈度相同的地区内,由于场地的地形和地质条件不同,建筑物的破坏程度很不一样,虽然目前还难以定量地分析研究,但可以定性地将场地的影响总结为:

①位于孤突的山梁、孤立的山丘、高差大的黄土台地边缘和山嘴等处的建筑物因地形受到震害影响的差别很大——孤突山梁上的房子影响最严重,而最低的鞍部处的房子危害相对较小;

②覆盖层厚度和土性的影响,一般而言,土深厚而松软的覆盖层上建筑物的震害较重,基岩埋藏浅,土质坚硬的地基则震害相对较轻。

此外,在薄层坚硬地基上,建筑物的震害通常都是地震作用的直接结果,而深厚、软弱地基上的震害则既可能是地震作用的直接结果,也可能是由于地基液化、软土震陷等原因引起建筑物地基失稳或过量沉陷而造成的。因此,在选择场地时还应该注意饱和土的液化和软土的震陷问题。

2. 场地分类

由于场地对建筑物的抗震安全性有很大的影响,而评价场地的因素又比较复杂,因此如何科学地划分场地就是一项很重要的工作。《建筑抗震设计规范》归纳了我国地震灾害和抗震工程经验,并参考了许多国外场地分类方法,提出如下分类标准。

(1)按地形、地貌、地质划分为对抗震有利、不利和危险地段

各种地段的划分标准如表 5-1 所示。在选择场地时,首先应该了解场地所属地段的地震活动情况,掌握工程地质和地震地质的有关资料,按表来判定地段的性质,力争把建筑物建造在有利地段上。

表 5 - 1　有利、不利和危险地段的划分

有利地段	稳定基岩,坚硬土,开阔、平坦、密实、均匀的中硬土等
不利地段	软弱土,液化土;条状突出的山嘴,高耸孤立的山丘,非岩质的陡坡,河岸和边坡的边缘,平面分布上成因、岩性、状态明显不均匀的土层(如古河道、疏松的断层破碎带、暗埋的塘浜沟谷和半填半挖地基)等
危险地段	地震时可能发生滑坡、崩塌、地陷、地裂、泥石流等,以及发震断裂带上可能发生地表位错的部位

当需要在条状突出的山嘴,高耸孤立的山丘,非岩质的陡坡、河岸和边坡边缘等不利地段建造建筑物时,除保证其在地震作用下的稳定性外,还需估计不利地段对设计地震动参数可能产生的放大作用,其地震影响系数最大值应乘以增大系数。其值可根据不利地段的具体情况确定,但不宜大于 1.6。

当场地地质构造中具有断层这种薄弱环节时,不宜将建筑物横跨其上,以免可能发生的错位或不均匀沉降带来的危害。场地内存在发震断裂带时,应对断裂的工程影响进行评价,并应符合下列要求:

①对符合下列规定之一的情况,可忽略发震断裂错动对地面建筑的影响。

a. 抗震设防烈度小于 8 度;

b. 非全新世活动断裂;

c. 抗震设防烈度为 8 度和 9 度时,前第四纪基岩隐伏断裂的土层覆盖层厚度分别大于 60 m 和 90 m。

②对不符合①条 a 款规定的情况,应避开主断裂带,避让距离不宜小于表 5 - 2 最小距离的规定。

表 5 - 2　发震断裂的最小避让距离

烈度	建筑抗震设防类别			
	甲	乙	丙	丁
8	专门研究	300 m	200 m	—
9	专门研究	500 m	300 m	—

(2)按岩土性质和覆盖层厚度划分场地类别

场地土质条件不同,建筑物的破坏程度也有较大差异,一般规律是:软弱地基与坚硬地基相比,容易产生不稳定状态和不均匀下陷,甚至发生液化、滑动、开裂等现象;震害随覆盖层厚度增加而加重。我国《建筑抗震设计规范》采用以地基土性质的等效剪切波速 v_{se} 和场地覆盖层厚度划分场地的类别,见表 5 - 3。

表 5-3　建筑场地的类别与覆盖层厚度

等效剪切波速/(m/s)	场地类别			
	I	II	III	IV
$v_{se}>500$	0			
$500 \geqslant v_{se}>250$	<5	≥5		
$250 \geqslant v_{se}>140$	<3	3~50	>50	
$v_{se} \leqslant 140$	<3	3~15	>15~80	>80

确定场地覆盖层厚度时,应符合下列要求:

①一般情况下,应按照地面至剪切波速大于 500 m/s 的土层顶面的距离确定;

②当地面 5 m 下存在剪切波速大于相邻上层土剪切波速 2.5 倍的土层,且其下卧层岩土的剪切波速均不小于 400 m/s 时,可按顶面的距离确定;

③剪切波速大于 500 m/s 的孤石、透镜体,应视同周围土层;

④土层中的火山岩硬夹层,应视为刚体,其厚度应从覆盖土层中扣除。

当无实测剪切波速时,对于丁类建筑及层数不超过 10 层且高度不超过 30 m 的丙类建筑,可根据岩土名称和形状,按表 5-4 划分土的类型,再利用当地经验按表中的剪切波速范围来估计各土层的剪切波速。

表 5-4　土的类型划分和剪切波速范围

土的类型	岩土名称和性状	土层剪切波速范围 v_s/(m/s)
坚硬土或岩石	稳定岩石,密实的碎石土	$v_s>500$
中硬土	中密、稍密的碎石土,密实、中密的砾、粗、中砂,$f_{ak}>200$ 的黏性土和粉土,坚硬黄土	$500 \geqslant v_s>250$
中软土	稍密的砾、粗、中砂,除松散外的细、粉砂,$f_{ak} \leqslant 200$ 的黏性土和粉土,$f_{ak}>130$ 的填土,可塑黄土	$250 \geqslant v_s>140$
软弱土	淤泥和淤泥质土,松散的砂,新近沉积的黏性土和粉土,$f_{ak} \leqslant 130$ 的填土,流塑黄土	$v_s \leqslant 140$

注:f_{ak} 为由荷载试验等方法得到的地基承载力特征值,kPa

3. 场地(或地基)液化判别方法

土体在振动荷载作用下孔隙水压力的变化规律是一个很复杂的问题,目前尚难以作出准确的计算。因此,地基土液化可能性的判别也还没有十分可靠的理论分析方法,而得依靠现场或室内试验的结果,结合一定的理论分析和实践经验,作出综合判断。地基土液化可能性判别方法很多,本文仅介绍《建筑抗震设计规范》常用的方法。

《建筑抗震设计规范》规定:

①存在饱和砂土和饱和粉土(不含黄土)的地基,除 6 度设防外,应进行液化判别;

②存在液化土层的地基,应根据建筑的抗震设防类别、地基的液化等级,结合具体情况采取相应的措施。

《建筑抗震设计规范》提供了一种较为完整的、通过标准贯入试验来判别地基土液化的可能性。地基土的液化判别,可分两步进行。

(1)初　判

饱和砂土或饱和粉土(不含黄土)的地基,当符合下列条件之一时,可初步判别为不液化或可不考虑液化影响。

①土层的地质年代为第四纪晚更新世(Q_3)或之前时,烈度为 7、8 度时可判为不液化;

②粉土中粘粒(粒径小于 0.005 mm 的颗粒)含量百分率,烈度为 7 度、8 度和 9 度分别不小于 10%、13% 和 16% 时,可判为不液化;

③天然地基的建筑,当上覆非液化土层的厚度和地下水位的深度符合下列条件之一时,可不考虑液化影响

$$d_u > d_0 + d - 2 \tag{5-1}$$

$$d_w > d_0 + d - 3 \tag{5-2}$$

$$d_u + d_w > 1.5d_0 + 2d - 4.5 \tag{5-3}$$

式中:d_u——上覆非液化土层厚度,m,计算时宜将上覆土层内淤泥和淤泥质土层扣除;

d_0——液化土特征深度,可按表 5-5 采用;

d——基础埋置深度,m,不超过 2 m 时取 2 m;

d_w——地下水位深度,m,宜按建筑物使用期内年平均最高水位采用,也可按近期内最高水位采用。

表 5-5　液化土特征深度/m

饱和土类别	烈　　度		
	7 度	8 度	9 度
粉土	6	7	8
砂土	7	8	9

(2)细　判

凡是经过初步判别认为属于可液化土层或需要考虑液化影响时,应采用标准贯入试验方法进一步确定地面下 15 m 深度范围内土层是否可液化;当采用桩基础或埋深大于 5 m 的深基础时,尚应判别 15~20 m 范围内土的液化性。

当饱和砂土或饱和粉土实测的标准贯入击数 $N_{63.5}$ 值小于按照式(5-4)、(5-5)所确定的临界值 N_{cr} 时,应判别为可液化土,当大于或等于该值时,则为非液化土。

$$N_{cr} = N_0 \left[0.9 + 0.1(d_s - d_w) \right] \sqrt{\frac{3}{\rho_c}} \quad (d_s < 15 \text{ m}) \tag{5-4}$$

$$N_{cr} = N_0 (2.4 - 0.1 d_s) \sqrt{\frac{3}{\rho_c}} \quad (15 \text{ m} \leqslant d_s \leqslant 20 \text{ m}) \tag{5-5}$$

式中:N_{cr}——液化判别标准贯入锤击数临界值;

N_0——液化判别标准贯入锤击数基准值,可按表 5-6 采用;

d_s——饱和土标准贯入点深度;

d_w——地下水位深度;

ρ_c——饱和土的粘粒含量百分率,当小于 3% 或为砂土时取 3%。

表 5-6　标准贯入锤击数基准值 N_0

设计地震分组	7 度	8 度	9 度
第一组	6(8)	10(13)	16
第二、三组	8(10)	12(15)	18

注：括号内数值用于设计基本地震加速度为 $0.15g$ 和 $0.30g$ 的地区

存在液化土层的地基，应进一步探明各液化土层的深度和厚度，便于按规定确定场地的液化等级。

（3）液化等级评定

当确定地基中某些土层属于可液化土后，需要进一步估计整个地基产生液化后果的严重性，即危害程度。显然，土很容易液化，而且液化土层的范围很大的属于严重液化地基；土不大容易液化，且液化土的范围不大的则属于轻度液化地基。《建筑抗震设计规范》中用液化指数 I_{lE} 来表示

$$I_{lE} = \sum_{i=1}^{n} (1 - \frac{N_i}{N_{cri}}) h_i W_i \qquad (5-6)$$

式中：N_i，N_{cri}——分别表示液化土层中，第 i 个标准贯入点的实测标准贯入锤击数、临界标准贯入锤击数；

n——液化土层判别深度范围内各个钻孔标准贯入试验点的总数；

h_i——第 i 个标准贯入点所代表的液化土层厚度；

W_i——第 i 个液化土层层位影响的权函数，按图 5-1 取值，取层厚 h_i 中点处的权函数值。

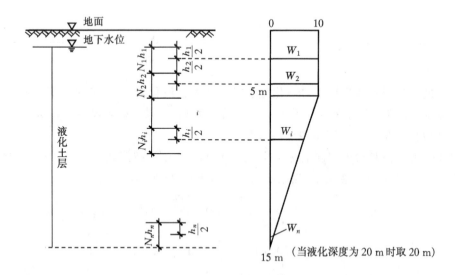

图 5-1　地基液化指数的权函数

地基按照液化指数 I_{lE} 的大小，分成如表 5-7 所示的 3 个等级。

表 5 - 7　地基液化等级划分

液化等级		轻　微	中　等	严　重
液化指数 I_{lE}	深度 15 m	$0 < I_{\text{lE}} \leqslant 5$	$5 < I_{\text{lE}} \leqslant 15$	$I_{\text{lE}} > 15$
	深度 20 m	$0 < I_{\text{lE}} \leqslant 6$	$6 < I_{\text{lE}} \leqslant 18$	$I_{\text{lE}} > 18$

5.2　天然地基基础抗震设计

5.2.1　地基基础抗震设计基本原则

抗震设计应贯彻以预防为主的方针,其设防目标是"小震不坏,中震可修,大震不倒"。在建筑规划上应合理布局,防止次生灾害(如火灾、爆炸等)。上部结构设计应遵循"简、匀、轻、牢"的原则,以提高结构的抗震性能。从地基基础的角度出发,尚可按照如下要求进行。

1. 选择有利的建筑场地

选址时应参照地震烈度区划资料,结合地质调查和勘测,查明场地土质条件、地质构造和地形特征,尽量选择有利地段,避开不利地段,不得在危险地段上进行建设。实践证明,在高烈度地区往往可以找到低烈度地点作为建筑场地,反之亦然,不可不慎。

从建筑物的地震反应考虑,建筑物的自振周期应远离地层的卓越周期,以避免共振。因此除须查明地震烈度外,尚要了解地震波的频率特性。各种建筑物的自振周期可根据理论计算或经验公式确定。地层的卓越周期可根据当地的地震记录加以判断。如经核查有发生共振的可能时,可以改变建筑物与基础的连接方式,选择合适的建筑材料、结构类型和尺寸以调整建筑物的自振周期。

2. 加强基础和上部结构的整体性

加强基础与上部结构的整体性可采用的措施有:

①对一般砖混结构的防潮层,用防水砂浆代替油毡;

②在内外墙下室内地坪标高处加一道连续的闭合地梁;

③上部结构采用组合柱时,柱的下端应与地梁牢固连接;

④当地基土质较差时,还宜在基底配置构造钢筋。

3. 加强基础的防震性能

基础在整个建筑物中一般是刚度比较大的部分,同时又处于建筑物的最低部位,周围还有土层的限制,因而振幅较小,基础本身受到的震害总是较轻的。一般认为,如果地基良好,在7、8 度烈度下,基础本身强度可不加验算。加强基础的防震性能的主要目的是减轻上部结构的震害。措施如下:

①合理加大基础的埋置深度:加大基础埋深可以增加基础侧面土体对振动的抑制作用,从而减小建筑物的振幅。在条件允许时,可结合建造地下室加深基础。

②正确选择基础类型:软土上的基础以整体性好的筏板基础、箱形基础和十字交叉条形基础较为理想,因其能减轻震陷引起的不均匀沉降,从而减轻上部建筑的损坏。对于内框架结构,柱下宜采用刚度较大的墙式条形基础。在平面布置上,应尽可能使基础连续而不间断,并

力求成直线以防扭断,即使上部建筑设置防震缝,基础也不必留缝。同一单元基础不宜设置在性质截然不同的地基上,也不宜部分采用天然地基,部分采用桩基。

5.2.2 天然地基基础抗震验算

1. 抗震设计设防标准

我国建筑物抗震设计的设防目标为:当建筑物遭受多遇的低于本地区设防烈度的地震影响时,应保证建筑物一般不受损坏或不经修复仍可以继续使用;当遭受本地区设防烈度时,建筑物可能有一定的损坏,经一般的修复或不修复仍可继续使用;当遭到高于本地区设防烈度的罕遇地震时,建筑物不致倒塌或发生危及生命的严重破坏。根据这一设防目标,确定建筑物应以哪种烈度进行验算,并采用哪一等级的抗震措施,就称为设防标准。

建筑物重要性不同,设防标准也不同。通常按照建筑物重要性从大到小将各类建筑分为甲、乙、丙、丁四类。各类等级的建筑物应满足如下要求:

①甲类建筑,设计用的地震作用应高于本地区的抗震设防烈度的要求,其值应按照经批准的地震安全评价的结果确定;采用的抗震措施:当抗震设防烈度为 6~8 度时,应按提高一度要求,当设防烈度为 9 度时,应高于 9 度的设防要求。

②乙类建筑,设计用的地震作用应符合本地区抗震设防烈度的要求;采用的抗震措施:一般情况下,当设防烈度为 6~8 度时,应按本地区的烈度提高一度,当为 9 度时,则应比 9 度有更高的要求。对于一些较小的建筑物,如果其结构改用抗震性能较好的结构时,则可以仍按本地区抗震设防烈度的要求,并采用相应的抗震措施。

③丙类建筑,设计用的地震作用和采取的抗震措施均应符合本地区抗震设防烈度的要求。

④丁类建筑,一般情况下,设计用的地震作用仍应符合本地区抗震设防烈度的要求;采用的抗震措施允许比本地区的要求适当降低,但抗震设防烈度为 6 度时就不应该再降低。

另外在 6 度设防地区,除有特别规定外,对于乙、丙、丁类建筑物可以不进行地震作用的计算,只需要采取相应的抗震措施。

2. 天然地基的抗震验算

(1)可不进行天然地基及基础的抗震承载力验算的建筑

①砌体房屋;

②地基主要受力层范围内不存在软弱黏土层的下列建筑:

a.一般的单层厂房和单层空旷房屋;

b.不超过 8 层且高度在 25 m 以下的一般民用框架房屋;

c.基础荷载与 b 相当的多层框架厂房;

③《建筑抗震设计规范》规定可不进行上部结构抗震验算的建筑。

(2)天然地基抗震承载力验算

地基基础的抗震验算,一般采用拟静力法。此法假定地震作用如同静力,然后在这种条件下验算地基和基础的承载力和稳定性。《建筑抗震设计规范》规定,天然地基基础抗震验算时,应采用地震作用效应标准组合,且地基抗震承载力应取地基承载力特征值乘以地基抗震承载力调整系数。

①荷载组合。水平地震力 F_E 的大小可按照底部剪力法由式(5-7)、(5-8)计算确定

$$F_E = \alpha G_{eq} \tag{5-7}$$

$$F_{iE} = \frac{G_i H_i}{\sum\limits_{j=1}^{n} G_j H_j} F_E (1 - \delta_n) \tag{5-8}$$

式中：G_{eq}——结构物的总等效重力荷载，单质点取总重力荷载代表值，多质点取总重力代表值的 85%；

　　　α——地震影响系数；

　　　F_{iE}——质点 i 的水平地震力；

　　　G_i, G_j——分别为集中于质点 i 和 j 的重力荷载代表值；

　　　H_i, H_j——分别为质点 i 和 j 的计算高度；

　　　δ_n——顶部附加的地震作用系数。

竖向荷载则采用地震作用效应标准组合。按式(5-9)计算可得到建筑的总重力荷载代表值

$$G = G_k + Q_{1k} + \sum_{i=2}^{n} \Psi_{ci} Q_{ik} \tag{5-9}$$

式中：G_k——永久荷载标准值；

　　　Q_{1k}, Q_{ik}——第 1 个和第 i 个可变荷载标准值，其中第 1 个荷载指所有可变荷载中起控制作用的那个荷载；

　　　Ψ_{ci}——可变荷载组合值系数，对于地震工况，可采用表 5-8 数值。

表 5-8　可变荷载组合值系数 Ψ_{ci}

可变荷载种类		组合值系数
雪荷载		0.5
屋面积灰荷载		0.5
屋面活荷载		不计入
按实际情况计算的楼面活荷载		1.0
按等效均布荷载计算的楼面活荷载	藏书库,档案库	0.8
	其他民用建筑	0.5
吊车悬吊物重力	硬钩吊车	0.3
	软钩吊车	不计入

注：硬钩吊车的吊重较大时，组合值系数应按实际情况采用

对于 9 度以上地震区的重要建筑物(包括高层建筑物)尚应考虑竖向的地震作用，即式(5-9)的重力荷载代表值中尚应考虑竖向地震作用。竖向地震作用仍可用式(5-7)计算，但考虑到竖向地震加速度通常弱于水平地震加速度，而且两个方向最大地震作用相遇的概率很小，因此式中的 α 值取为水平向 α 值的 0.65 倍；同时等效总重力荷载 G_{eq} 取式(5-9)计算值的 75%。

②天然地基抗震承载力验算。地基的抗震承载力取为地基的承载力特征值乘以地基土抗震承载力调整系数，表示为

$$f_{aE} = \xi_a f_a \tag{5-10}$$

式中：f_{aE}——调整后的地基抗震承载力；

　　　ξ_a——地基土抗震承载力调整系数，可从表 5-9 查用；

　　　f_a——经过深度和宽度修正后的地基承载力特征值。

表 5-9　地基土抗震承载力调整系数 ξ_a

岩土名称和性状	ξ_a
岩石，密实的碎石土，密实的砾、粗、中砂，$f_{ak} \geqslant 300$ 的黏性土和粉土	1.5
中密、稍密的碎石土，中密和稍密的砾、粗、中砂，密实和中密的细、粉砂，$150 \leqslant f_{ak} < 300$ 的黏性土和粉土，坚硬黄土	1.3
稍密的细，粉砂，$100 \leqslant f_{ak} < 150$ 的黏性土和粉土，可塑黄土	1.1
淤泥，淤泥质土，松散的砂，杂填土，新近堆积黄土及流塑黄土	1.0

验算天然地基地震作用下的竖向承载力时，按地震作用效应标准组合的基础底面平均压力和边缘最大压力应符合下列各式要求

$$p \leqslant f_{aE} \tag{5-11}$$

$$p_{max} \leqslant 1.2 f_{aE} \tag{5-12}$$

式中：p——地震作用效应标准组合的基础底面平均压力；

　　　p_{max}——地震作用效应标准组合的基础边缘的最大压力。

除此之外还要求，高宽比大于 4 的高层建筑，在地震作用下，基础底面不宜出现拉应力，即要求基础边缘最小压力 $p_{min} \geqslant 0$。对于其他建筑物，则要求基础底面与地基土之间零应力区面积不应超过基础底面面积的 15%。

需要说明的是：ξ_a 是大于 1.0 的系数，即考虑地震作用，允许地基的承载力适当提高。地震作用经常只考虑水平向地震力，它只影响到基础的边缘压力 p_{max} 和 p_{min}，对于平均基底压力 p 值没有影响。因此对于低层建筑物，包括砌体房屋、单层厂房和单层空旷房屋以及不超过 8 层且高度在 25 m 以内的一般民用框架房屋均可以不必进行地基及基础的抗震承载力验算。

【例 5-1】某厂房柱采用现浇独立基础，基础底面为正方形，边长 2 m，基础埋深 2.0 m，基础高度 0.6 m。地基土为黏性土，$\gamma = 17.5$ kN/m³，$e = 0.7$，$I_L = 0.78$，地基承载力特征值 $f_{ak} = 226$ kPa。考虑地震作用效应标准组合时柱底荷载为：$F_k = 600$ kN，$M_k = 80$ kN·m，$V_k = 15$ kN。试按《建筑抗震设计规范》验算地基的抗震承载力。

【解】1. 求基底平均压力

$$p = \frac{F_k + G_k}{A} = \frac{600 + 2 \times 2 \times 2 \times 20}{2 \times 2} = 190 \text{ kPa}$$

基底边缘压力为

$$p = \frac{F_k + G_k}{A} \pm \frac{M_k + V_k \cdot h}{W} = 190 \pm \frac{80 + 15 \times 0.6}{\frac{2 \times 2^2}{6}} = 190 \pm 66.75 = \frac{256.75}{123.25} \text{ kPa}$$

2. 求地基抗震承载力

查《建筑地基基础设计规范》（GB 50007—2002）中承载力修正系数表得 $\eta_b = 0.3$，$\eta_d = 1.6$，则经深度修正后黏性土的承载力特征值

$$f_a = f_{ak} + \eta_b \gamma (b - 3) + \eta_d \gamma (d - 0.5) = 226 + 0 + 1.6 \times 17.5 \times (2 - 0.5) = 268 \text{ kPa}$$

由表 5-9 查得地基抗震承载力调整系数 $\xi_a = 1.3$，故地基抗震承载力 f_{aE} 为

$$f_{aE} = \xi_a f_a = 1.3 \times 268 = 348.4 \text{ kPa}$$

3. 验算

由于

$$p = 190 \text{ kPa} < f_{aE} = 348.4 \text{ kPa}$$

$$p_{max} = 256.75 \text{ kPa} < 1.2 f_{aE} = 418.08 \text{ kPa}$$

$$p_{min} = 123.25 \text{ kPa} > 0$$

故地基承载力满足抗震要求。

(3) 地基基础抗震措施

①地基为软弱黏性土。软黏土的承载力较低，地震引起的附加荷载与其经常承受的静荷载相比占有很大比例，往往超过了承载力的安全储备。而且软黏土在地震荷载快速而频繁的加荷作用下，沉降量会持续增加，当基底压力达到临塑荷载后，将引起建筑物严重下沉和倾斜，因而非常不利。因此对这类地基要合理选择地基的承载力值，同时基底压力不宜过大而要留有足够的安全储备，同时若地基的主要受力层范围内有软黏土层，应采用各种地基处理方法、扩大基础底面积和加设地基梁、加深基础、减轻荷载、增大结构整体性和均衡对称性、采用桩基础等措施结合具体情况综合考虑。

②地基不均匀。不均匀地基包括土质明显不均、有古河道或暗沟通过及半填半挖地带。土质偏弱部分可参考软黏土地基采取抗震措施。土质不匀地层宜发生地层错动引起地裂等危害，单靠加强基础或上部结构是难以奏效的，要查看拟建场地四周是否存在临空面，同时应尽量填平不必要的残存沟渠，在有明渠的地基两侧适当设置支挡或代以排水暗渠，同时尽量避免在建筑物四周开沟挖坑，以防患于未然。

③可液化地基。对可液化地基采取的抗液化措施应根据建筑的重要性、地基的液化等级，结合具体情况综合确定，选择全部或部分消除液化影响、基础和上部结构特殊处理等措施等。

全部消除地基液化沉陷的措施有：采用底端深入液化深度以下稳定土层的桩基础或深基础，以振冲、振动加密、砂桩挤密、强夯等加密法加固处理至液化深度下边界，以及挖除全部液化土层等。

部分消除地基液化沉陷的措施应使处理后的地基液化指数减少，当判别液化深度为 15 m 时，其值不宜大于 4，当判别液化深度为 20 m 时，其值不宜大于 5；对独立基础与条形基础，处理深度尚不应小于基础底面下液化土特征深度和基础宽度的较大值。

减轻液化影响的基础和上部结构的处理，可以综合考虑埋置深度选择、调整基底尺寸、减小基础偏心、加强基础的整体性和刚度（如采用连系梁、加圈梁、交叉条形基础、筏板基础或箱形基础等）、减轻荷载、增强上部结构刚度和均匀对称性、合理设置沉降缝等措施。

5.3　桩基抗震验算

5.3.1　桩基抗震能力和常见震害

1. 桩基础抗震能力

与天然地基相比，桩基有更好的抗震性能。震害调查表明，在同一地震区，同种类型的结

构,天然地基上的建筑物震害较重,而桩基上的建筑物震害要轻得多,甚至无明显震害,通常只有数毫米的附加沉陷量(震陷)。另外,房屋建筑所用的桩基础多为低承台桩基础,地震作用下即使桩本身破坏或桩周土丧失承载力,其破坏效果也不会突然表现出来,往往是在地震后才逐渐显示,如发生缓慢持续的下沉现象等,不至于造成突然倒塌等灾难性后果。

2. 桩基础常见震害

桩基础常见震害有如下几种类型:

①桩头部位因受过大剪、压、拉、弯等作用而破坏。

②桩头受弯产生环向裂缝。通常发生于桩头下 2～3 m 的范围内,呈环向分布裂缝,其原因是桩承台受过大的弯矩或侧向水平力所致。

③地面一侧荷载过大使桩身折断。

④液化土层中的桩未穿过液化土层导致桩基础失效。当地基为液化土层时,若桩长未能穿过液化土层,液化时,桩尖支撑在几乎没有抗剪强度的黏滞液体上,必然导致桩基失效。

⑤液化土因侧向扩展引起桩身弯曲与侧移。

5.3.2　桩基抗震验算

1. 单桩抗震承载力

地震作用下单桩抗震承载力与地基土性质、地震震级、地震烈度、地震持续时间等因素有关,因此单桩抗震承载力的确定很复杂。但是对于桩端进入基岩或硬土层的端承型桩,承载力受地震影响较小,而对于摩擦型桩,承载力受地震影响要大一些。国内外对桩基震害的调查表明,地震作用所带来的附加沉降很小,说明地震对桩承载力影响不大,一般来说,除非桩端支承在液化土或很弱的软黏土上,桩基础才会失稳。从另一方面考虑,地震作用属于特殊荷载,设计上应允许采用较小的安全系数,单桩承载力可以有所提高,但各国提高的幅值均不同,其范围为 0～50%。

2. 桩基抗震验算

(1)不需要抗震验算的桩基范围

承受竖向荷载为主的低承台桩基,当地面下无液化土层且承台周围无淤泥、淤泥质土和地基承载力特征值不大于 100 kPa 的填土时,下列建筑可不进行桩基抗震承载力验算:

①砌体房屋和不进行上部结构抗震验算的建筑;

②烈度为 7 度和 8 度时,一般单层厂房和单层空旷房屋、不超过 8 层且高度在 25 m 以下的一般民用框架房屋或荷载与之相当的多层框架厂房。

(2)非液化土中的低承台桩基

我国《建筑抗震设计规范》规定,非液化土的低承台桩基,单桩竖向和水平承载力特征值可以比非抗震设计时提高 25%。

(3)存在液化土层时的低承台桩基

存在液化土层时的低承台桩基,其抗震验算应符合下列规定:

①对埋置较浅的桩基础,不宜计入承台周围的土的抗力或刚性地坪对水平地震作用的分担作用。

②当承台底面上、下分别有厚度不小于 1.5 m、1.0 m 的非液化土层或非软弱土层时,可

按下列两种情况进行桩的抗震验算,并按不利情况设计:

a. 桩承受全部地震作用,桩承载力比非抗震设计时提高 25%,液化土的桩周摩阻力及桩的水平抗力均乘以相应的折减系数;

b. 地震作用按水平地震影响系数最大值的 10% 采用,桩承载力仍按非液化土中的低承台桩基确定,但应扣除液化土层的全部摩阻力及桩承台下 2 m 深度范围内非液化土的桩周摩阻力。

③对于打入式预制桩和其他挤土桩,当平均桩距为 2.5~4 倍桩径且桩数不少于 5×5(25根)时,可计打入桩对土的加密作用及桩身对液化土变形限制的有利影响。当打桩后桩间土的标准贯入锤击数值达到不液化要求时,单桩承载力可不折减,但对桩尖持力层做强度校核时,桩群外侧的应力扩散角应取为零。

5.3.3　桩基抗震构造措施

桩基理论分析已经证明,地震作用下桩基在软、硬土层交界面处最易受到剪、弯损害。目前除了考虑桩土相互作用的地震反应分析可以较好地反映桩身受力情况外,还没有简便实用的计算方法保证桩在地震作用下的安全,因此必须采取有效的构造措施,具体为:

①《建筑抗震设计规范》规定,对液化土中桩的配筋范围,应从桩顶到液化深度以下符合全部消除液化沉陷所要求的深度,其纵向钢筋应与桩顶部相同,箍筋应加密;

②处于液化土中的桩基承台周围,宜用非液化土填筑夯实,若用砂土或粉土则应使土层的标准贯入锤击数不小于《建筑抗震设计规范》规定的标准贯入锤击数的临界值;

③在有液化侧向扩展的地段,距常时水线 100 m 范围内的桩基还应考虑土流动时的侧向作用力,且承受侧向推力的面积应按边桩外缘间的宽度计算。

思考题

1. 地震造成的地基的破坏类型主要有哪些?

2. 建筑场地的地下条件、地质构造、地下水位及场地覆盖层厚度、场地类别等对地震灾害的程度有什么影响?

3.《建筑抗震设计规范》规定的天然地基基础抗震应如何验算?

4. 当地基内有液化土层时,桩的承载力如何确定?

5. 考虑地震作用,地基的抗震承载力应该降低还是提高? 为什么?

6. 何谓地基的液化指数 I_{lE},如何按 I_{lE} 划分地基的液化等级?

练习题

在某场地上建造高 100 m 的烟囱,已知筒身重 45 000 kN,基础为直径 14 m 圆板上的圆锥壳体,基础及其以上土的重量为 12 000 kN,基础埋深 4 m,地基土分为两层,从上向下依次为:

①人工填土,$\gamma_1 = 15$ kN/m³,厚度 $d_1 = 3$ m;

②中砂层,$\gamma_2 = 18$ kN/m³,$c_k = 0$,$\varphi_k = 23°$,$f_{ak} = 300$ kPa。

由地震引起的基底力矩为 44 000 kN·m,试用规范法验算地基承载力是否满足要求。

参考文献

[1] 周景星,李广信,虞石民,等. 基础工程[M]. 2 版. 北京:清华大学出版社,2007.

[2] 陈希哲. 土力学地基基础[M]. 4 版. 北京:清华大学出版社,2004.

[3] 赵明华. 土力学与基础工程[M]. 武汉:武汉理工大学出版社,2003.

[4] 高大钊. 地基基础设计与施工丛书[M]. 北京:机械工业出版社,1999.

[5] 王协群,章宝华. 基础工程[M]. 北京:北京大学出版社,2006.

[6] 金喜平,邓庆阳. 基础工程[M]. 北京:机械工业出版社,2006.

[7] 刘春原,李章珍,司马玉洲. 基础工程[M]. 北京:人民交通出版社,2006.

[8] 黄生根,吴鹏,戴国亮. 基础工程原理与方法[M]. 武汉:中国地质大学出版社,2009.

[9] 王娟娣. 基础工程[M]. 杭州:浙江大学出版社,2008.

[10] 陈晏松. 基础工程[M]. 北京:人民交通出版社,2002.

[11] 张忠苗,沈保汉,周健,等. 桩基工程[M]. 北京:中国建筑工业出版社,2007.

[12] 丁宪良. 基础工程施工[M]. 南京:东南大学出版社,2005.

[13] 任文杰. 基础工程[M]. 北京:中国建材工业出版社,2007.

[14] 冯忠居. 基础工程[M]. 北京:人民交通出版社,2001.

[15] 李志成,高乔明. 桩基础试验[M]. 北京:中国林业出版社,2001.

[16] 徐至钧,李智宇. 预应力混凝土管桩基础设计与施工[M]. 北京:机械工业出版社,2005.

[17] 张威. 基础工程[M]. 合肥:合肥工业大学出版社,2007.

[18] 杨桦. 荷载传递法研究单桩荷载-沉降关系进展综述[J]. 地下空间与工程学报,2006 (1).

[19] 舒翔,黄雨. 基桩有效桩长的确定方法[J]. 工业建筑,2001(1).

[20] 何思明. 抗拔桩破坏特性及承载力研究[J]. 岩土力学,2001(3).

[21] 单金星,陈天虹. 单桩竖向承载力取值探讨[J]. 建筑技术开发,2010(10).

[22] 周国林. 单桩负摩阻力传递机理分析[J]. 岩土力学,1991(3).

[23] 赵明华,贺炜,曹文贵. 基桩负摩阻力计算方法初探[J]. 岩土力学,2004(9).

[24] 惠焕利. 桩基设计中负摩阻力问题的探讨[J]. 陕西水力发电,2000(2).

[25] 楼晓明,房卫祥,费培芸. 单桩与带承台单桩荷载传递特性的比较试验[J]. 岩土力学,2005(9).

[26] 中华人民共和国国家标准. 建筑抗震设计规范(GB 50011—2001)[S]. 北京:中国建筑工业出版社,2001.

[27] 中华人民共和国国家标准. 建筑地基基础设计规范(GB 50007—2002)[S]. 北京:中国建筑工业出版社,2002.

［28］ 中华人民共和国行业标准.建筑桩基设计规范(JGJ 94—2008)［S］.北京:中国建筑工业
出版社,2008.

［29］ 中华人民共和国国家标准.动力机器基础设计规范(GB 50040—1996)［S］.北京:中国
建筑工业出版社,1996.

［30］ 中华人民共和国国家标准.混凝土结构设计规范(GB 50007—2010)［S］.北京:中国建
筑工业出版社,2010.

［31］ 中华人民共和国国家标准.建筑结构荷载规范(GB 50009—2002)［S］.北京:中国建筑
工业出版社,2002.

［32］ 中华人民共和国国家标准.岩土工程勘察规范(GB 50021—2001)［S］.北京:中国建筑
工业出版社,2001.